ステッピングモータの使い方
坂本正文 オーム社 2003

著 者 简 介

坂本正文

1965 年　群马大学电气工程专业毕业

现　在　日本 servo(株)桐生工厂技师长

工学博士、电气学会会员、群马大学客座讲师

电动机控制电路应用技术丛书

步进电机应用技术

〔日〕坂本正文　著

王自强　译

科学出版社

北京

图字：01-2009-4410 号

内 容 简 介

本书是关于步进电机使用方法的入门书。书中以图、表和曲线说明为主，公式描述为辅，详细介绍步进电机相数、转子齿数、主极数和转速之间的关系，以及三相 HB 型步进电机、三相 PM 型步进电机、步进电机的选择方法和使用方法等，并针对步进电机的一些常见问题及故障提出了解决措施。

本书可供步进电机维护人员、步进电机设计研发和测试人员，工科院校机械、电机、电子等相关专业师生阅读参考。

图书在版编目(CIP)数据

步进电机应用技术/(日)坂本正文著；王自强译.—北京:科学出版社,2010
(2025.3重印)
(电动机控制电路应用技术丛书)
ISBN 978-7-03-027211-9

Ⅰ.步… Ⅱ.①坂…②王… Ⅲ.步进电机-基本知识 Ⅳ.TM35

中国版本图书馆 CIP 数据核字(2010)第 065109 号

责任编辑：杨 凯／责任制作：董立颖 魏 谨
责任印制：赵 博／封面设计：郝晓燕

科 学 出 版 社 出版
北京东黄城根北街 16 号
邮政编码：100717
http://www.sciencep.com
北京华宇信诺印刷有限公司印刷
科学出版社发行 各地新华书店经销
*
2010 年 5 月第 一 版 开本：A5(890×1240)
2025 年 3 月第十五次印刷 印张：5 1/2
字数：157 000
定 价：**32.00元**
(如有印装质量问题，我社负责调换)

序

　　本书是关于步进电机使用方法的入门书。书中以图、表和曲线说明为主,公式描述为辅,适合于步进电机的应用人员、大学电气专业的学生、步进电机或同类电机的生产厂的设计研发和测试人员使用。

　　本书详细介绍了步进电机相数、转子齿数、主极数和转速之间的关系,以及三相 HB 型步进电机、三相 PM 型步进电机、步进电机的选择方法和使用方法等。

　　要想电机正常运转,步进电机与驱动电路之间的连接是否正确是关键。如连接不当,电机会产生振动和噪音,容易出现失步现象。本书针对这些问题提出了一些解决措施。

　　作者自 1965 年进入日本伺服(股份)公司以来,一直亲自动手开发、设计步进电机,先后开发了单相步进电机、两相爪极 PM 型步进电机、三相 VR 型步进电机、两相 HB 型步进电机、三相 HB 型、PM 型和三相爪极 PM 型步进电机等产品。这些电机均得到实际应用。

　　作者曾经调研过全球的主要电机客户,并协助他们完善了步进电机的应用方案。同时,针对各种使用不当的情况,积累了丰富的解决经验,并且对电机的很多特性进行了改善。

　　作者刚进入公司工作时,公司只能生产特殊用途的步进电机,几乎没有客户愿意使用,所以步进电机每年生产量极少,直到 1975 年需求才急剧增加。增加的原因是因为计算机终端机的外围设备、查询机器等办公设备上开始大量使用步进电机。主要是因为步进电机较适用于断续工作形式,同时因为步进电机驱动电路的元器件——晶体管或 IC 芯片等半导体技术的进步,降低了生产成本,使步进电机整体价格下降。

　　特别是在 1977 年,美国生产的软盘驱动器的磁头(输送筒驱动)开始使用步进电机,使小型步进电机的生产量急剧扩大。根据调查机构 2002 年度的统计,小型电机的世界总生产量超过 40 亿个,其中 10% 为步进电机。与作者开始研发时 1965 年的产品数量相比,简直不可思议。

由于积累了一些步进电机设计开发的实践经验,希望将这些资料整理成书。当日本 OHM 社提出出版时,没有考虑自己的能力就痛快地接受了。

本书的完成得到了许多人的帮助:电机理论部分得到了茨城大学户恒明教授的指导,以及作者所属的日本伺服(股份)公司的崛江升社长、大西和夫技术顾问和其他同仁的很多帮助,他们提供了大量的资料;公司外的企业也提供了大量的参考资料;出版时,OHM 社出版部的各位工作人员也提供了很多帮助。借此对以上各位表示感谢。

本书提供了各种型号的步进电机和驱动电路,有关这些工业品所有权关系,本书不负任何责任。

目　录

第1章　什么是步进电机

第2章　步进电机的分类、结构、原理

第3章　步进电机的原理与特性

第4章　步进电机的技术要点

第 5 章 步进电机的驱动与控制

第 6 章 步进电机的特性测量方法

第 7 章 步进电机的选择方法

第 8 章 步进电机的使用方法与问题解决方案

第9章 步进电机的应用

第1章 什么是步进电机

本章叙述步进电机的诞生、发展和变迁,概要讲解什么是步进电机。

1.1 步进电机的发展史

电机为工业发展不可缺少的一大要素,并扮演着重要的角色。电机的应用不仅在动力应用方面不断扩大,而且在控制领域的使用范围也在不断扩大。随着控制电机重要性的增加,控制电机的使用量也逐年增加。步进电机是一种控制电机,不使用反馈回路,就能进行速度控制及定位控制,即所谓的电机开环控制。其应用主要以处理办公业务能力很强的OA(Office Automation,办公自动化)机器和FA(Factory Automation,工厂自动化)机器为核心,并广泛应用于医疗器械、计量仪器、汽车、游戏机等。就数量来讲,OA机器方面的应用约占步进电机使用总数的75%。

虽然步进电机最近被大量应用,但其原理早已有之。步进电机与电磁铁和柱塞泵同一时期开发,法国人佛罗曼提出了将电磁铁的吸引力转化为旋转力矩的方法。当时,激磁相的切换用机械式凸轮的接触点来完成,这就是步进电机的原型。现在还有旋转线圈式的应用方法。1920年步进电机的实际应用才开始,称为VR(Variable Reluctance,变磁阻)型步进电机,被英国海军用作定位控制和远程遥控[1]。

混合式HB(Hybrid的缩写,是VR与PM复合的意思)型步进电机的产生,大约在1952年,由美国GE公司的Karl Feiertag开发的发电机演变而来。与现在的两相HB型步进电机结构相同,取得了US专利[2]。当初作为低速同步电机使用,其后,由美国的Superior Electric公司和Sigma Instruments公司开发出两相1.8°步距角的HB型步进电机。当时因为电流小、电感大、恒电压驱动的关系,换相脉冲只有300pps(现在为10~20kpps)。

另一方面,从驱动电路方面看,步进电机的发展与晶体管半导体元件的发展密不可分。1950年研制出二极管半导体,1964年开发出MOS半导体,1965年出现IC,1967年LSI实用化。特别是经过1950~1965年间半导体材料的高速发展,进入 20 世纪 70 年代,由于价格便宜,可靠性高的逻辑数字电路得到广泛应用,使步进电机的使用量急剧增加。

日本东京大学的大岛氏[3],在 1958 年的自动控制年会上发表了有关 VR 型步进电机的论文。步进电机的国际性学会在 1970 年成立,在美国伊利诺大学召开了第一次 IMCSD(Incremental Motion Control Systems and Devices)大会。此次大会由伊利诺大学的 BC Kuo 教授主办,美国的 Warner Electric 公司与 Westool 公司协办。发表的论文约 2/3 来源于企业界,剩下的 1/3 来源于大学方面。作者在第 26 届与第 29 届的 IMCSD 也发表了有关步进电机的论文[4]。在 IMCSD 发表的论文中,有很多是关于步进电机的,从中能了解步进电机的最前沿技术和研究动态。美国的学者和企业技术人员对步进电机进行了广泛的研究。

步进电机的大规模应用是在 1977 年,两相步进电机(图 1.1)被应用于 FDD(floppy disk drive 软盘驱动器)输出轴的驱动上。

图 1.1　两相 HB 型 3.6°、42mm 的步进电机

1.2　步进电机概要

1. 步进电机的地位

电机有各种分类方式,如用电压种类分类时,有 AC 驱动与 DC 驱动;用旋转速度与电源频率关系分类时,则有同步电机和异步电机。

图 1.2 是步进电机在小型电机系列中的位置关系。

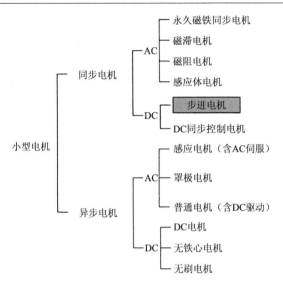

图 1.2 小型电机系列中步进电机的位置

由图 1.2 可知,步进电机属于 DC 驱动的同步电机,但无法直接用 DC 或 AC 电源来驱动,需要配备驱动器才能使用。所以步进电机的运行需要驱动电路。此点与无刷 DC 电机相同,无刷 DC 电机要使用驱动电路,驱动电路将电机定子与 DC 电源连接在一起工作。

2. 步进电机驱动电路的功能

步进电机驱动电路的任务,是按顺序指令切换 DC 电源的电流流入步进电机的各相线圈。图 1.3 为三相 VR 型步进电机的绕组外加电源示意图,其中驱动电路用开关来表示。

图 1.3 中开关 S_1 为 ON 时,第 1 相的绕组导通,如切换第 2 相绕组电流的指令,S_1 将打开变为 OFF 状态,S_2 变成 ON 状态。如此,电机转子就旋转一个固定角度,此只由定子极数与转子齿数的关系来决定的旋转角度,即为电机转动固有的步距角。同样,S_3 顺序打开为 ON 状态,S_2 转为 OFF 状态,电机转子又转过一个步距角。依次进行,电路每切换一次,电机就以固有的角度转动一步。

若切换 n 次,转子就旋转步距角的 n 倍角度;如果没有发出指令,转子则停止转动。电机以步距角为一步,此旋转角度的大小由电机结构来决定,如果将负载连接在电机轴上,就可以对负载进行旋转角度的位置控制;改变开关切换速度(即脉冲频率)就可改变旋转速度,故改变速度,就是要改变图 1.3 的开关 S_1、S_2、S_3 的切换频率,即开关 S_1、S_2、S_3 的切换频率与转子转速成正比。

开关的切换频率向来是由驱动电路的指令脉冲频率来决定的。此种脉冲频率以 pps(pulse per second)为单位。pps 为每秒脉冲数。图 1.4 为步进电机与驱动电路的功能框图。

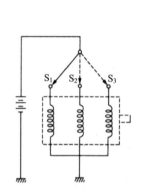

图 1.3　步进电机驱动电路原理图　　图 1.4　步进电机与驱动电路的功能框图

3. 步进电机的位置控制与速度控制

步进电机的位置控制与速度控制可根据上节的原理按如下操作进行:

(1)步进电机的位置控制依指令脉冲的总数而定。

(2)步进电机的速度与指令频率的 pps 成正比。

(3)由指令脉冲可以进行位置和速度控制,不需反馈电路即开环控制。

DC 电机或无刷电机要作位置控制和速度控制时,转子的位置或速度的信号必须反馈给控制器,即要加反馈传感器,图 1.5 所示的闭环控制系统才可以实现。相对的,图 1.6 所示的开环控制不必特别在转子上加装位置或速度传感器电路,因此,包含驱动电路的步进电机的整体费用一般比较便宜。

4. 步进电机开环控制的原理

当步进电机的定子一相绕组流过直流电流时,最接近该相的转子齿被定子相吸引,因产生的电磁转矩大于负载转矩,从而使转子运动。当转

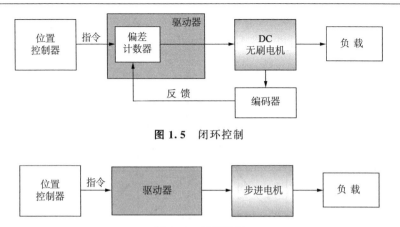

图 1.5　闭环控制

图 1.6　开环控制

子转动到电磁转矩与负载转矩平衡位置时,转子就静止不动了,此电磁转矩也就把负载转至需要定位的位置。然后再对下一相施加激磁电流,另外一个最接近该相的转子齿被吸引,负载被该相电磁转矩驱动,移动 1 个步距角,到达下一个静止位置。激磁相切换的次数与频率决定了转子旋转的最终角度与速度。步进电机的步距角由定子的相数与转子的齿数决定,详细内容将在下一章说明。切换相的次数与步距角的乘积为步进(专有名词为步动作增加的角度)角度,此值决定最终静止位置。相对负载转矩来说,如步进电机产生的转矩足够大,则切换指令就能驱动负载,作位置控制。此时的位置平衡力是由步进电机静态转矩产生的。

图 1.7 表示两相 PM 型步进电机的各相矩角特性曲线的情况。当 $\overline{A}$ 相绕组激磁时,要使带负载的转子产生位移,负载应在转子与 $\overline{A}$ 相的作用力范围内。$\overline{A}$ 相激磁绕组通电时的定子与转子的位置关系如图 1.7 上部所示。激磁相 $\overline{A}$ 的矩角特性用实曲线表示;其他相绕组激磁时,产生的矩角特性曲线用虚线表示。

在轻载或空载时,静态转矩由所在位置决定,故 $\overline{A}$ 相转矩沿曲线箭头方向移动到其与横轴的交点 c_1 点;实际上,转子停在转矩曲线上负载平衡点。

依次,B 相如果激磁,则转子停在 b_1 点,b_1 - c_1 的角度差为步距角。

变速控制可使用开环控制(OPEN LOOP)方式,改变速度只需要改变切换频率的指令,相当于变频同步电机的功能。

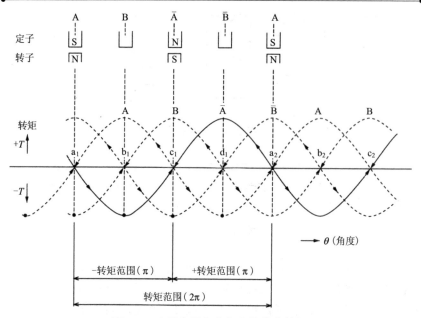

图 1.7 步进电机各电角度的静态转矩

5．步进电机驱动器的基本结构

步进电机驱动器的基本电路结构如图 1.8 所示。步进电机直接连接交流或直流电源时不会运动，必须与驱动电路同时使用才能发挥其功能。驱动器(驱动电路)由决定换向顺序的控制电路(或称为逻辑电路)与控制电机输出功率的换相电路(或称为功率电路(power stage))组成，其详细内容将在后面章节介绍。

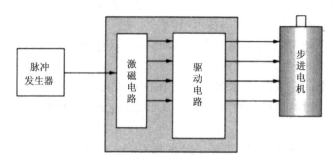

图 1.8 步进电机的电路结构

图 1.9、图 1.10 为三相 VR 型、两相 HB 型步进电机恒电压驱动器的早期产品外观。

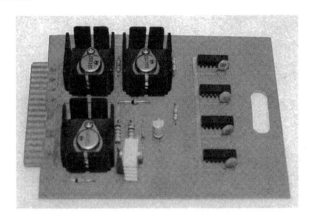

图 1.9 三相 VR 型早期使用的驱动器

图 1.10 两相 HB 型早期使用的驱动器

脉冲发生器产生指令脉冲。当步进电机要按一定速度运行时,只要产生一定频率的连续脉冲,就可以决定步进电机的总旋转角度、停止位置、加速、匀速、减速等的变速过程。由于该脉冲发生器可以控制脉冲频率,故又称为控制器。

20 世纪 70 年代,步进电机也称为脉冲电机,此种称呼是由于电机的输入指令是脉冲信号或电机绕组电流为脉冲电流。步进电机的称呼源于转子的输出动作,即转子一步一步旋转运动的关系。脉冲电机与步进电机的概念如图 1.11 所示。

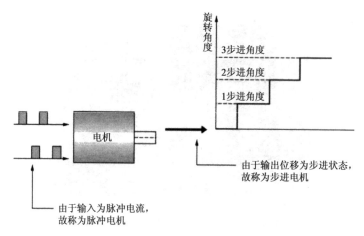

图 1.11　脉冲电机与步进电机

第 2 章　步进电机的分类、结构、原理

本章介绍步进电机的运行原理、结构和种类等,并且介绍这些步进电机的特点和优缺点。

2.1　定子相数的分类、结构、原理

当步进电机切换一次定子绕组的激磁电流时,转子就旋转一个固定角度即步距角。步距角一般由切换的相电流产生的旋转力矩得到,所以需要每相极数是偶数。步进电机通常都为两相以上的,当然也有一些特殊的只有一个线圈的单相步进电机。虽说单相,实为一个线圈产生的磁通方向交互反转而驱动转子转动。实用的步进电机的相数有单相、两相、三相、四相、五相。

现在使用的步进电机大部分用永磁转子。普遍使用永久磁铁的原因是效率高,分辨率高等优点。以下以介绍永磁转子为主。

1. 决定步距角的因素

步进电机分辨率(一圈的步数,360°除以步距角)越高,位置精度越高。为了得到高分辨率,设计的极数要多。PM 型转子为 N 与 S 极在转子的铁心外表面上交互等节距放置,转子极数为 N 极与 S 极数之和,为简化讲解,假设极对数为 1。此处确定转子为永久磁铁的步进电机的步距角 θ_s 由式(2.1)表示,其中 N_r 为转子极对数,P 为定子相数,(本章后面叙述的 HB 型步进电机 N_r 为转子齿数):

$$\theta_s = 180°/PN_r \tag{2.1}$$

式(2.1)的物理意义如下:

转子旋转一周的机械角度为 360°,如用极数 $2N_r$ 去除,相当于一个极所占的机械角度即 $180°/N_r$。这就是说,一个极的机械角度用定子相数去分割就得到步距角,此概念如图 2.1 所示。

由式(2.1)可知,步距角越小,分辨率越高,因此要提高步进电机的分辨率,就要增加转子极对数 N_r 或采用定子相数 P 较多的多相式方法。而

N_r的增加受到机械加工的限制,所以要制造高分辨率的步进电机需要两种方法并用才行。

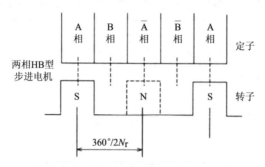

图 2.1 步距角的生成原理

2. 单相步进电机

单相步进电机是在一个线圈骨架上缠绕环形线圈,给它通以正负交变的电流,每切换一次电流就按固定方向走一步。由于转子磁路所通过的磁导(磁阻的倒数,表示磁通流过的容易程度)变大为其转动方向,故单相步进电机只能按一个方向运动。为使转动方向确定,磁导采取了多种措施,例如使定子磁极宽于转子,定子与转子之间的工作气隙不均匀,转动方向为磁阻小的方向。图2.2为单相步进电机的转动原理。

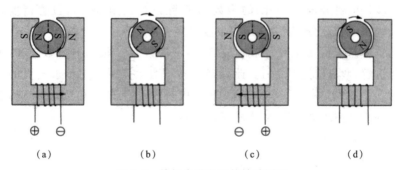

| (a) | (b) | (c) | (d) |

图 2.2 单相步进电机的转动原理

图2.2(a)定子绕组通正电流,定子磁极产生 N 和 S 极,转子的 N 和 S 极被定子磁极吸引,停在图示位置。当定子电流由正变负时,在切换过程中,电流接近于零,定子对转子的吸引力接近零,此时转子磁通产生的

转矩为主,如图 2.2(b)所示,转子的磁通要走气隙最小的路径,故转子在磁通力矩的作用下,沿箭头方向运动到转子磁极轴线(N 和 S 极的中心线)正对气隙最小处停止。当定子绕组为负电流时,如图 2.2(c)所示,定子磁极的极性反转,转子磁极受到定子 N 和 S 极的斥力和引力作用,沿箭头方向运动,直到定转子磁极轴线重合时转子停止运动。加在绕组上的电流再次变换方向由负变正时,电流过零变正,则转子经过图 2.2(d)向图 2.2(a)移动,步距角为 180°。上述动作反复进行,电机转子就能继续转动。

从以上单相步进电机的运行原理看出,单相步进电机的电磁转矩只在定子电流变换时产生,故其平均转矩比两相以上的电机要小得多,响应脉冲频率也在 100pps 以下,故其用途受到很大限制,只能在响应脉冲频率比较低的轻载下运行。例如时钟、车用计时器(发动机计时器)、水表计数器等。

图 2.3 为另一种单相步进电机结构的照片,最左边为电机整机,其次为电机线圈,再次为定子铁心,最后是永磁转子。

图 2.3　单相步进电机的外观与结构

此种单相步进电机原理如图 2.2 所示,气隙磁导发生变化,与只是磁导变化的结构不同,旋转方向依然是由不对称的定子磁极决定的。此定子为一个中间开直角三角形孔的磁极板,其斜线部分的磁导最大。转子磁极正对斜面时磁导最大,其为转子转动方向,其运行原理与图 2.2 相同。

转子为圆柱形永磁磁极,极数为 4 极,将 $N_r=2$,$P=1$ 代入式(2.1),故步距角为 $\theta_s=90°$。

定子为一个圆形线圈,用正/负电流驱动。定子磁极通过气隙与转子产生相同的极数(4 极)。其结构简单,一个有三角形孔的磁极,可近似看成 4 极。此电机用于水表的流量计等。

图 2.4 是另外一种单相步进电机的外观照片。此单相步进电机由照片看出,定子磁极的前端朝同一方向倾斜,从而改变转子磁路的磁导,使转子能沿一个方向旋转,其功能与图 2.3 的定子相同。

此种单相步进电机转子为永磁磁极,其圆周上有 N 和 S 极共 30 个,定子为单相,总磁极数为 30,用气隙作转子导向。绕于一个线圈架上的环形线圈经过正负电流,由式(2.1)得步距角 $\theta_s = 12°(N_r = 15, P = 1)$,并按一个方向运动。其响应速度因为单相绕组的关系,只有几十 pps。此种电机实际用于建筑机械的时针等。

图 2.4　另一种单相步进电机的外观

以上所述的单相步进电机的旋转方向由磁导的偏差大小决定。其他还有将定子磁极分极、嵌入铜质的短路线圈等,本书就不再详述了。

3. 两相步进电机

两相步进电机最简单的构成为 $N_r = 1$ 的情况,电机结构如图 2.5 所示。一般两相电机定子磁极数为 4 的倍数,至少是 4。转子为 N 极与 S 极各一个的两极转子。

定子一般用硅钢片叠压制作,定子磁极数为 4 极,相当于一相绕组占两个极,A 相两个极在空间相差 180°,B 相两个极在空间也相差 180°。电流在一相绕组内正负流动(此种驱动方式称为双极性驱动),A 相与 B 相电流的相位相差 90°,两相绕组中矩形波电流交替流过。

即两相电机的定子,在 $N_r = 1$ 时,空间相差 90°,时间上电流相差 90°相位差,电流与普通的同步电机相似,在定子上产生旋转磁场,转子被旋转磁场吸引,随旋转磁场同步旋转。

图 2.5 表示两相步进电机的结构(PM 型)及其运行原理,从图 2.5 (a)到图 2.5(b)顺时针旋转 90°,依次图 2.5(c)、图 2.5(d)均旋转 90°,依次不断运转成为连续旋转。

以图 2.5 为例,假如 A 相有两个线圈,单向电流交替流过两个线圈,也可产生相反的磁通方向,此方式称为单极(uni-plar)型线圈。

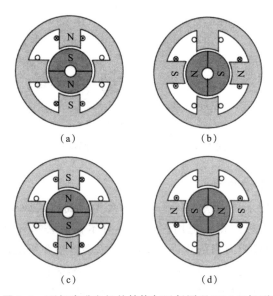

图 2.5 两相步进电机的结构与运行原理(PM 双极型)

图 2.6 所示线圈内部只流过单方向电流,此线圈称为单极型线圈;另一种,线圈内流过正、反方向电流的线圈称为双极型线圈,两种线圈的优缺点将在第 5 章中详细介绍。单极型线圈可以取代图 2.5 所示双极型线圈,运行时具有相同的步距角。

图 2.6 中的两相单极型线圈在有些文献中也被称为四相步进电机,此时其转子极对数、齿数 N_r,以及步距角 θ_s 均与双极型线圈相同。本书两相电机的定义符合式(2.1),即将转子齿数 N_r 和步距角 θ_s 代入式 (2.1),如 $P=2$,则为两相电机,如 N_r 相同,$P=4$,步距角 θ_s 只有 1/2,则电机为四相电机,在此特别提请注意。

两相步进电机现在应用广泛,实际电机的构造比图 2.5 要复杂,定子除采用叠片外,还有爪极结构,但基本原理可参考图 2.5。图 2.5 中所示的转子被称为 PM 型(永久磁铁或永磁式)转子,磁性圆柱的外表面形成转子磁极。

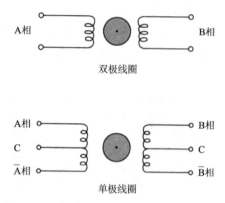

图 2.6 两相步进电机的线圈结构

4. 三相步进电机

转子不采用永久磁铁的步进电机(VR 型或反应式或变磁阻式)很早就在三相步进电机上得到应用。1986 年日本伺服公司开发了转子为永久磁铁、定子磁极带有齿的步进电机(在后面会详细介绍磁极齿的设计原理),定、转子齿距的配合,可以得到更高的角分辨率和转矩。三相步进电机定子线圈的主极数为三的倍数,故三相步进电机的定子主极数为 3、6、9、12 等。

图 2.7 为不同相数的步进电机典型定子结构和驱动电路的比较,其中忽略了转子结构图。假设转子均为 PM 型或 HB 型,并且依据定子为两相、三相、五相等配备相应的转子。定子采用不产生不平衡电磁力(在后面会详细介绍,转子径向吸引力的和不能完全互相抵消,产生剩余径向力)的最小主极数结构,即两相为 4 个主极、三相为 3 个主极、五相为 5 个主极时,结构上会产生不平衡电磁力,除特殊用途外不会使用上述结构。图 2.7 中,定子的结构为两相为 8 个主极、三相为 6 个主极、五相为 10 个主极,为最简单的结构。

另一方面,如双极型(Bi-polar)线圈所使用的步进电机驱动电路,其功率管数,两相为 8 个、五相为 10 个,三相则由于绕组采用 Y 或 △ 接法的关系,3 个出线口的驱动只用 6 个功率管就够了,所以从电机和驱动器一体考虑,三相步进电机结构最简单,其两者的制造成本最低。

从定子相数的奇偶数来看,奇数情况下驱动电路中切换功率管的数量要比偶数情况下少,例如三相步进电机要比两相步进电机的驱动功率管数少。三相的驱动 IC 现在三权电气公司、三洋电机公司、新电元工业公司等生产企业已经有售。三相步进电机与两相步进电机比较,在相同的转子齿数时,具有提高 1.5 倍分辨率、振动低等优点,所以使用数量会增加,价格会降低,希望其能成为一款系列化步进电机,其性能将在后面详细介绍。

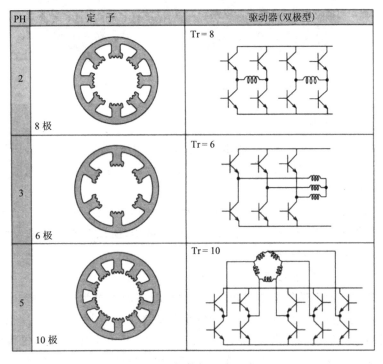

图 2.7 相数与驱动电路

有关三相永磁式步进电机,除本书外,以前还没有系统介绍的文献,本书将详细介绍三相 HB 型步进电机(42mm 及 60mm),其驱动器的外形如图 2.8 所示。

图 2.8　三相 HB 型步进电机及其驱动器

5. 四相步进电机

例如 $N_r=50$，$\theta_s=0.9°$ 的步进电机，按式（2.1）计算，则 $P=4$，即为四相步进电机。这里需要注意的是图 2.5 和图 2.6 的两相单极线圈虽然有四个线圈，但不是四相电机。

四相步进电机因其为偶数相，驱动电路的功率管要用 16 个，定子的主极个数也为 16 个，均为两相步进电机的两倍，所以造成其驱动器结构复杂，成本高，因此只有特殊用途才使用。

6. 五相步进电机

现在市面上销售的步进电机中，相数最多的电机为五相。如图 2.7 所示，定子主极数为 10 个，同一相绕组分别绕在相差 180° 的 2 个主极上，同时通电产生磁场。各相绕组之间首尾相连，从五个接点引出电源线。通常为 5 个绕组同时通电，形成一条支路是 1 个绕组，另一条支路为 4 个绕组串联的并联通电模式；顺次切换 1 个绕组通电支路的相，就能使转子一步步旋转。所得步距角如下所述。

依据式（2.1），$N_r=50$ 时，对两相、三相、四相、五相电机而言，$P=2$、$P=3$、$P=4$、$P=5$ 代入式（2.1），得到步距角为：两相为 1.8°，三相为 1.2°，四相为 0.9°，五相为 0.72°。五相步进电机的分辨率是最高的，而且定位转矩小。定子结构及其驱动电路比四相步进电机要简单（如图 2.7 所示），但比两相和三相步进电机要复杂，成本也高。

7. 相数与特性

现以两相与三相步进电机为例详细说明步进电机的相数与特性的关系。相数与特性综合概述为：

1）高分辨率

根据式（2.1），步距角为 $180°/PN_r$，故相数 P 越大，角分辨率越高。提高分辨率，可以提高定位控制精度，改善低速失步，使多相控制成为可能，并且可以改善阻尼（改善制动性能，减小停止时的超调量和制动时间）。详细说明在驱动技术部分。

2）低振动

图 2.9 表示的是两相和三相步进电机的转矩波动，相数愈多，换相的两相绕组动态转矩曲线的交点转矩值 T_g 与最大静态转矩 T_h 的相对误差愈小。T_g 为电机所带负载转矩的下限值，$(T_h-T_g)/T_h$ 为转矩波动的相

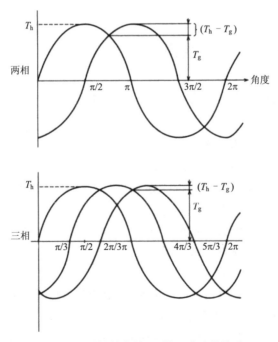

图 2.9 相数、静态转矩、转矩波动的关系

对误差,相数越多,此值越小,对降低振动越有利。亦即,相数越多,电机产生的转矩波动幅值越小,频率越高,产生的振动越小(有关说明在后面章节)。

3) 高转速

多相步进电机的优点是能高速响应。步进电机为同步电机,绕组电流频率与转子速度成正比例,若电机高速运转,则绕组电流角频率 ω 增加,使绕组电感 L 产生的电抗 ωL 加大,从而降低电流,致使转矩下降。

当用数千 pps 驱动步进电机时,电机绕组阻抗 Z 与直流电阻相比,电抗 ωL 将大幅增加。当电机高速运转时,如电压 V 一定,则电机相电流为 $V/\omega L$。机械角速度 ω_m 为 $\omega = N_\mathrm{r}\omega_\mathrm{m}$,则对相同机械角速度 ω_m 的电机,电流与 N_r 成反比。

根据式(2.1),两相 $N_\mathrm{r} = 50$ 时,步距角为 $1.8°$;五相 $N_\mathrm{r} = 20$ 时,步距角为 $1.8°$。当这两种步进电机以相同的转速高速旋转时,五相绕组的电流是两相的 2.5 倍,因为电流小则转矩小,所以五相的转矩比两相的要大。

2.2 转子的分类与结构

前一节是根据定子相数进行步进电机的分类,本节根据转子的结构进行分类。

1. PM 型步进电机

PM(Permanent Magnet,永久磁铁)型转子为内转子型(外部为定子,中间为气隙的电机),圆柱形转子的外表面分布 N、S 极(外表面无齿)。

1) 单相 PM 型步进电机

根据步进电机相数分类的单相步进电机如图 2.2~图 2.4 所示。有关内容在前节已经说明,此处不再赘述。

2) 两相 PM 型步进电机

以图 2.5 所示的两相步进电机为例,定子绕组在圆周上分布排列,最简单的转子极数为 2,即极对数 $N_\mathrm{r} = 1$。

根据式(2.1),令 $P = 2$,则机械角 $\theta_\mathrm{s} = 90°/N_\mathrm{r}$,此 $90°$ 为电气角表示的步距角,电气角除以 N_r 即为机械角。转子极数为 2,即 $N_\mathrm{r} = 1$,则电气步

距角与机械步距角相等,为 $90°(\theta_s = 90°/PN_r)$。

两相 PM 型电机定子内圆有四个磁极,每个磁极上绕了一个线圈,每两个相差 180°的磁极线圈组成一相绕组,PM 型步进电机的单极和双极工作方式在图 2.5 和图 2.6 中均已说明。

下面以单极工作方式为例说明步进电机的旋转原理(如图 2.10 所示),由图 2.10 可知,转子步距角为 90°,4 步旋转一周(360°)。

图 2.10 中在一个磁极上绕了两个线圈,每个线圈的激磁电流只流一个方向的电流,故图 2.10(a)中 A 相线圈为下层线圈,$\overline{A}$ 为上层线圈。步进 1 状态,给 1 相下层线圈 A 相通电,在上磁极产生 N 极,下磁极产生 S 极,利用定转子磁极异性相吸,直至平衡位置。

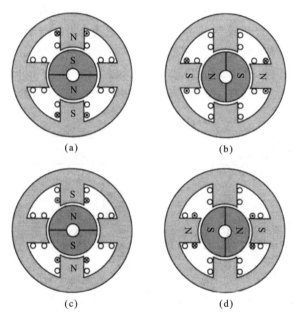

图 2.10 两相步进电机的结构和旋转原理(PM 型,单极型)

然后 1 相电流断开,2 相线圈 B 相接通电流,定子磁极左边为 S 极,右边为 N 极,吸引转子顺时针旋转 90°,转到步进 2 状态,如图 2.10(b)所示。再次电流切换到 1 相线圈 $\overline{A}$ 相,1 相磁极反转,转子顺方向(顺时针方向)旋转。如磁极上为单线圈,则线圈需要流过正反向电流(此为双向驱动,Bipolar)。

图 2.10 中 1 相有两个线圈,电流单向流过,两个线圈产生的极性相反,给 $\overline{A}$ 线圈通电,磁极极性反转成为图 2.10 中(c)所示状态。同样原理,2 相线圈依靠电流的方向的变化,使其磁极极性从第 2 步变成第 4 步的极性,使转子旋转到图 2.10(d)状态,此时,转子由第 3 步顺时针转过 90°到第 4 步。不断重复进行第 1 步至第 4 步,转子就连续旋转。如要逆时针旋转,只要使第 2 步与第 4 步的定子极性相反即可。

3) 两相 PM 型爪极步进电机

两相 PM 型爪极步进电机的结构如图 2.11 所示,定子相绕组不像前面介绍的电机一样分布在圆周上,而是轴向放置,这种相绕组安装方式称为从属型结构。

转子为圆柱形永久磁铁,其中心安装了输出轴。圆柱形永久磁铁的圆周外表面交替分布着 N 极和 S 极,极对数为 N_r,N、S 极等极距。其转子磁极通过气隙,对着定子磁极。定子磁极依其形状称为爪极(claw pole),由导磁钢板冲压成型,形成 N_r 个爪极。两个定子极板其磁极交互安放,相差 1/2 极距,共 $2N_r$ 个与转子磁极数 $2N_r$ 相对应,形成一相定子。

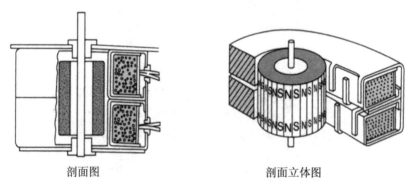

剖面图　　　　　　　　　　　剖面立体图

图 2.11　两相 PM 型爪极步进电机的结构

定子相绕组绕在圆形骨架上,绕制成环状线圈。定子上的两节定子磁路相同,其相邻磁极相差 1/4 极距,即偏差 $90°/N_r$。两转子磁极对应一致。

定子为爪极型的步进电机,气隙为 0.2mm(比 HB 型步进电机的气隙大 3～4 倍)。其分辨率与相同尺寸的 HB 型步进电机相比相差 1/4。与相同尺寸的 HB 型步进电机相比,其转矩只有 1/3。决定步距角的分辨率由式(2.1)得知,如 $P=2$,则 $\theta_s=90°/N_r$。若 $N_r=5\sim12$,则步距角 θ_s 为 $1.8°\sim7.5°$,通常使用 $7.5°$。

图 2.12 所示为 PM 型步进电机的外观。图 2.13 所示为 PM 型步进电机($42^\phi\times$长度 27mm,步距角 $7.5°$)的速度-转矩特性[与尺寸接近的 HB 型步进电机($39^\square\times$长度 27mm,步距角 $1.8°$)比较]。因为 HB 型为方形,其对角线为 42mm 以上,而且转子为永久磁铁,PM 型为便宜的铁氧体磁铁,HB 为钕铁硼磁铁,极对数相同,且 PM 型的气隙比 HB 型大 3 倍以上,故转矩差如此之大也是必然。关于最高转速和电气时间常数(线圈电感除以电阻之值)的差异,仅供参考。

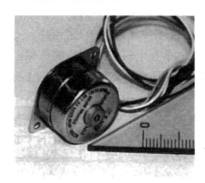

图 2.12 PM 型步进电机的外观

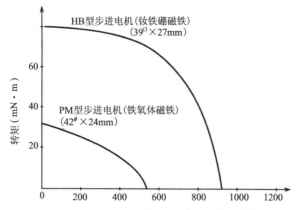

图 2.13 PM 型步进电机的速度-转矩特性
(跟同大小的 HB 型比较)

此种 PM 型步进电机的最大特点为价格便宜。从成本角度分析如下。

PM 型转子通常使用铁氧体磁铁等低成本材料,轴承使用金属滑动轴承(Sleeve metal),导磁材料使用电工钢板,从材料费方面考虑做到低成本的设计。线圈卷绕在线圈骨架上,可提高绕线效率,节省绕线时间。线圈端头采用低价接线端子。与相同尺寸大小的 HB 型相比,只有其价格的 1/3。使用的数量为 HB 型的 3 倍以上,其使用量有逐年增加的趋势。

4) 两相 PM 型爪极步进电机的旋转原理

两相 PM 型爪极步进电机的旋转原理与图 2.10 的两相 PM 型分布线圈步进电机的旋转原理基本相同。但是,由图 2.10 可知,一个线圈只能给一个磁极激磁,然而爪极电机的一相线圈可以给多极激磁。图 2.14 示出爪极步进电机的旋转原理。实际的两相 PM 型爪极步进电机如图 2.11 所示,设计的多极 N_r＝12,此时定子的爪极数每相有 12 对极。为简化原理便于理解,图 2.14 将一相简化成一对极。对比图 2.11 和图 2.14,实际的两相步进电机两相绕组同时激磁,通常作 2 相激磁驱动,为说明和理解容易,简化为一相激磁状态的说明,一相激磁如能驱动转子旋转,两相激磁肯定也能运转。

如图 2.14 所示,St1、St2 为定子的两相绕组,各线圈如图所示方向绕制。Rt 为转子,采用铁氧体磁铁构成,N、S 极分布在转子外表面,与定子极之间形成工作气隙。由图知道,一相线圈激磁一对定子磁极,转子极对数与定子极对数的节距相同,相邻转子的 S 极与 N 极必定相互吸引,产生电磁力。该点与后面叙述的 HB 型和 RM 型不同。

第一步,图 2.14(a)为 1 相线圈激磁图,转子与定子 St1 的磁极互相异性相吸。如果此时施加外力,转子会带着负载移动,电磁力会产生图 2.14(a)所示位置的恢复力,负载力的大小决定了位置精度。此时,2 相定子 St2 的磁极中心线在转子磁极 N、S 极的中间位置,2 相定子与转子磁极中心线相差 $\pi/2$,此位移角为一个步距角。

第二步,图 2.14(b)中,St1 的线圈电流为 OFF,St2 的线圈电流变成 ON,转子向右移动 $\pi/2$,转子被 St2 吸引而停止。

第三步,图 2.14(c)中,St1 的线圈电流反向通电,定子极性反转,转子再旋转 $\pi/2$ 后静止。

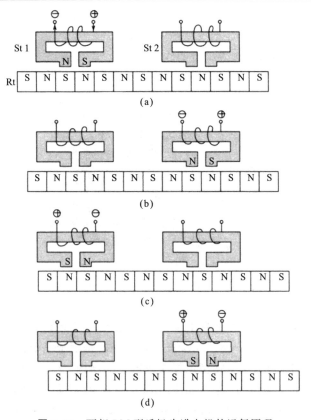

图 2.14 两相 PM 型爪极步进电机的运行原理

第四步,图 2.14(d)中,St2 的线圈电流反向通电,定子极性反转,转子再旋转 $\pi/2$ 后静止。

再返回图 2.14(a),依次(b)、(c)、(d)反复循环,不断旋转。以上为两相 PM 型爪极步进电机的运行原理。

根据以上叙述,一个步距角为转子磁极极距的 1/2,走 4 步为一个循环。步距角由转子的极数来决定,定子的极数对转矩的增加有影响。当然,此型步进电机有单极(uni-polar)型和双极(Bi-polar)型,均伴随定子磁极磁化而旋转,反转亦相同。

5)三相 PM 型爪极步进电机

本步进电机的三相定子绕组在轴向三重配置,三相 Y(三个线圈的末端接在一起,简称星形)或 △(三个线圈首尾相接,简称三角形)接出三个出线端,为三相驱动 PM 型爪极步进电机。

三相 PM 型爪极步进电机的结构如图 2.16 所示。

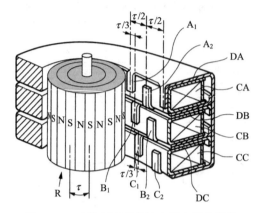

图 2.15　三相 PM 型爪极步进电机的结构

转子 R 的结构完全与两相步进电机相同。定子每相结构基本上与两相步进电机的相同。与两相步进电机不同的是定子三个相的配置角度不同。图 2.15 为三相 PM 型爪极步进电机的结构,立体剖面图只表示定子与转子结构。转子 R 与两相 PM 型步进电机相同,其外表面为 N、S 极,极对数为 N_r。如图所示,转子 R 的极对数的节距为 τ。定子由 A、B、C 相组成,各线圈绕制成 DA、DB、DC 的环状线圈,以 CA、CB、CC 在转子轴方向纵向配置,线圈 CA 激磁形成 A 相的磁极 A_1 和 A_2,CB 激磁形成 B 相的磁极 B_1 和 B_2,CC 激磁形成 C 相的磁极 C_1 和 C_2。此电机转子极对数节距为 τ,A_1 与 A_2,B_1 与 B_2,C_1 与 C_2 各相差 $\tau/2$,A_1、B_1、C_1 各相差 $\tau/3$,故相邻相 A_2 与 B_1,B_2 与 C_1 之间相差 $\tau/6$。

此电机的运行原理如图 2.16 所示。

各定子相磁极的符号与图 2.15 的结构图相同,两图对照来看。三个线圈 CA、CB、CC 为 Y 连接,如用 △ 接法也能同样运行。例如,如图 2.16(a)所示,A 相 B 相间加电压,两个线圈磁通方向相反如箭头所示。该激磁驱动电路如图 2.17 所示。

$T_1 \sim T_6$ 为功率管,各相线圈接法如图所示,$T_1 \sim T_6$ 的 B 端为电源端,G 端为接地端。

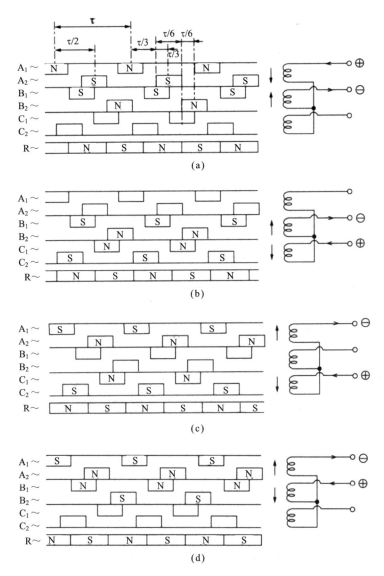

图 2.16 三相 PM 型步进电机的运行原理

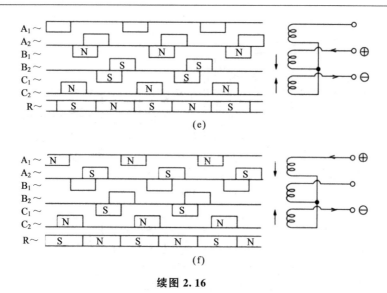

续图 2.16

图 2.17　三相步进电机的驱动电路

$T_1 \sim T_6$ 导通顺序如表 2.1 所示，O 表示功率管导通，由此给 Y 接法的 3 个端子中的两个加正负电压。由于三个线圈的尾端短接，必定使两相绕组顺次激磁，即三相绕组两相激磁驱动。图 2.14 为两相 PM 型步进电机以两相激磁方式驱动,此时两相激磁,转子 R 的磁极静止在两相定子磁极之间。

表 2.1 步骤 1 为 T_1 与 T_4 导通,A 相与 B 相激磁。如图 2.16(a)所示,A 相与 B 相激磁,箭头方向为两绕组线圈产生的磁通方向,A 相与 B 相磁极极性如图 2.16 所示。由此,转子 R 被吸引到稳定位置(如图 2.16 (a)所示)。

到表 2.1 的步骤 2,T_1 关断,T_5 变成导通,T_4 与 T_5 导通,B 相和 C 相激磁,如图 2.16(b)所示,B 相和 C 相的线圈磁通方向相反。此时,转子 R 从图 2.16(a)位置向左移动 $\tau/6$ 的稳定位置,$\tau/6$ 为三相永磁步进电机的步距角,即步距角为转子一对极极距的 1/6。与两相永磁步进电机的 1/4 相比,分辨率提高 1.5 倍。

表 2.1　三相步进电机激磁顺序

步　骤	T_1	T_2	T_3	T_4	T_5	T_6
1	O			O		
2				O	O	
3		O			O	
4		O	O			
5			O			O
6	O					O

同样,表 2.1 步骤 3,T_4 关断,T_2 变成导通,C 相和 A 相的线圈导通,转子移动到图 2.16(c)的稳定位置,转子 R 又向左移动 $\tau/6$。依次切换功率管,使定子绕组依次导通,实现图 2.16(d)、(e)、(f)步骤的激磁,使转子依次步进。六步一个循环,转子移动一对极的极距,如此反复循环。与 PM 型爪极步进电机的特点不同,三相 PM 型与两相 PM 型的步进电机相同,转子磁场从 N 极发出,相邻 S 极返回,与定子线圈交链。

图 2.15 中 A、B、C(A_1、B_1、C_1 等)相差 $\tau/3$ 即电气角 120°,各相偏差 $\tau/6$,图 2.16 的接线方式还不能达到连续步进的动作,要将 B 相线圈与其他的 A 相和 C 相反接才行,即绕制方向相同的三个线圈,将其中一个反接,并装配成一体,如图 2.15 所示。

图 2.18 为相同尺寸和同一转子的两相 PM 型与三相 PM 型步进电机的速度-转矩特性。其速度-振动特性如图 2.19 所示。转矩特性方面,

三相 PM 型步进电机在高速旋转时转矩较高；振动特性中三相 PM 型在步进电机低速下比较小；相应的噪音特性与两相 PM 型电机相比有更大改善。总之，三相 PM 型步进电机虽然结构比两相 PM 型步进电机复杂，但性价比更好。

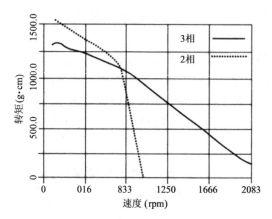

图 2.18　两相 PM 型与三相 PM 型步进电机的速度-转矩特性

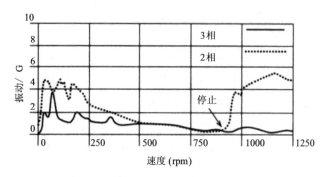

图 2.19　两相 PM 型与三相 PM 型步进电机的速度-振动特性

　　表 2.2 为试验电机参数，即相同尺寸的两相 HB 型与三相 PM 型步进电机的参数。图 2.20 为两种电机的速度-转矩特性，图 2.21 为其速度-噪音特性。速度-转矩特性两者相差不多，三相 PM 型电机的噪音特性约低 10dB。在分辨率和寿命及其成本都能满足要求时，三相 PM 型电机较两相 HB 型电机振动噪音更低。

表 2.2 试验电机参数

	三相 PM 型步进电机	两相 HB 型步进电机
电机尺寸	直径 42mm 长度 23.5mm	□42mm 长度 31mm
转 子	钕铁硼	钕铁硼
步距角	3.75°	1.8°
总电流	1.4A	2×0.72A
保持转矩	137mN·m(1400g·cm)	132mN·m(1350g·cm)
轴 承	滑动轴承	滚动轴承

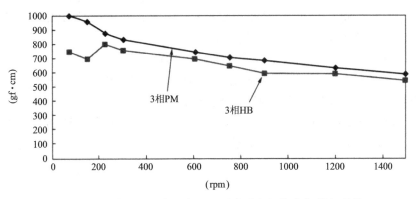

图 2.20 两相 HB 型与三相 PM 型步进电机的速度-转矩特性

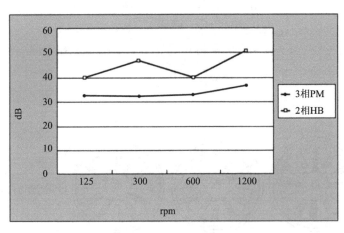

图 2.21 两相 HB 型与三相 PM 型步进电机的速度-噪音特性

2. VR 型步进电机

转子由硅钢片或电工纯铁棒等导磁体构成,转子外表面为多齿结构(转子的齿槽在转动时产生磁阻变化故称为变磁阻电机,简称 VR)。当定子线圈通电时,定子磁极磁化,吸引转子齿而产生转矩,使其移动一步。与永磁电机产生磁性吸引转矩和排斥转矩相比,VR 型只产生吸引转矩。

图 2.22 示出 VR 型步进电机的结构与工作原理。图 2.22 上图,定子上均匀分布了 12 个磁极,每个磁极相距 30°,相差 90°(间隔三个槽)的四个线圈组成一相绕组。转子齿数为 8,当一相绕组通电时,其定子极吸引转子齿,使气隙磁阻最小达到静止位置。

下面,从步骤 1 到步骤 3 来说明工作原理。

步骤 1,为第 1 相线圈的简化图,剖面线表示第 1 相定子激磁,转子被第 1 相定子磁极吸引,转子齿转到定子磁极之下。

步骤 2,第 1 相绕组电流关闭,第 2 相绕组通电,转子逆时针旋转一步(15°),旋转至第 2 相定子磁极之下停止。

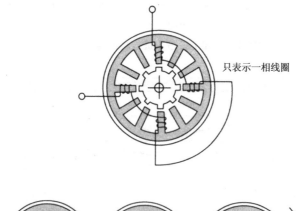

只表示一相线圈

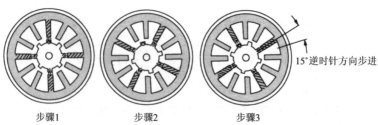

步骤1　　　　步骤2　　　　步骤3

15°逆时针方向步进

图 2.22　VR 型步进电机的结构和工作原理

步距角 15°由 360°(1/8~1/12)决定,即由转子齿节距与定子齿节距之差而求得步距角,也可以用转子齿节距除以相数 3 而得到。

VR 型步进电机的步距角不能用式(2.1)来计算,而是式(2.1)计算值的两倍。即分辨率与永磁式比较,虽然转子齿数相同,但 VR 型只有 1/2。

步骤 3,同样给第 3 相绕组通电,转子同样逆时针旋转 15°,与定子第 3 相磁极相对位置停止。下一刻,第 1 相绕组通电,又由步骤 3 的转子位置逆时针旋转 15°到第 1 相定子磁极下,恢复到步骤 1 状态。依次进行不断切换激磁相,1 相、2 相、3 相、1 相……转子逆时针旋转。此为 VR 型步进电机的工作原理。如顺时针方向旋转,换相顺序为 1 相、3 相、2 相。此时,步距角为转子齿节距的 1/3,即齿节距被相数除得到步距角,输出转矩与永磁电机不同,其与激磁电流的平方成正比。

图 2.23 为一台 VR 型步进电机的外形图。VR 型步进电机因不使用永久磁铁,其定转子磁场强度与激磁电流成正比,要想增大磁场强度,就需要很大的激磁电流,因此,温升很高,散热片也很大。图 2.23 的电机直径为 50mm(不算散热片尺寸),步距角为 15°,用于打字机等电子设备。

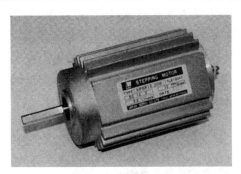

图 2.23 VR 型步进电机

3. HB 型步进电机

HB 型步进电机有两相、三相、五相式,转子因与相数无关,而采用相同转子,本节以两相 HB 型步进电机为例加以说明。HB 型的名称由其转子结构得来,其转子是 PM 型与 VR 型转子的复合体,在日本被普遍使用。

转子结构为两个导磁圆盘中间夹着一个永磁圆柱体轴向串在一起,

两个导磁圆盘的外圆齿节距相同,与前述的 VR 型转子结构相同,其两个圆盘的齿错开 1/2 齿距安装,转子圆柱永磁体轴向充磁一端为 N 极,另一端为 S 极。

此种电机转子与前面叙述的 PM 型转子从结构来看,PM 型转子 N 极与 S 极分布于转子外表面,要提高分辨率,就要提高极对数,通常 20mm 的直径,转子可配置 24 极,如再增加极数,会增大漏磁通,降低电磁转矩;而 HB 型转子 N 极与 S 极分布在两个不同的软磁圆盘上,因此可以增加转子极数,从而提高分辨率,20mm 的直径可配置 100 个极,并且磁极磁化为轴向,N 极与 S 极在装配后两极磁化,所以充磁简单。

与转子齿对应的定子极,主极内径有与转子齿节距相同的小齿,与转子齿的磁通在气隙处相互作用,能产生电磁转矩。此种转子的步进电机在近期被广泛应用。

此种结构源自于 1992 年美国 GE 公司的 Karl Feiertag,取得美国专利的发电机。与现在的两相 HB 型步进电机结构相同,当初是作为低速同步电机使用,其后,美国的 Superior Electric 公司和 Sigma Instruments 公司开发出步距角为 1.8°,转子齿数为 50 的两相 HB 型步进电机。

图 2.24 所示为定子为两相绕组,转子齿数 50,1.8°的 HB 型步进电机的剖视图。为加大输出转矩,尽量加长了转子软磁磁极的轴向长度,图 2.25所示为 HB 型步进电机的结构。

图 2.24　HB 型步进电机的结构图片

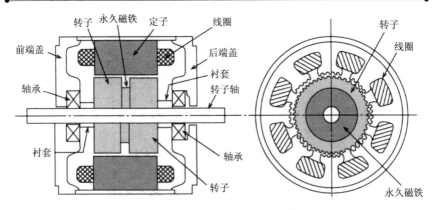

图 2.25　HB 型步进电机的结构

定子为 8 个磁极(放置绕组的主磁极)均匀分布,此 8 个磁极的内圆分布有与转子齿距相同的齿,与转子齿分布在气隙两边。转子齿多于定子齿。

线圈用绕线机直接绕制在树脂注塑成型的槽绝缘骨架上,线圈绕好后安装在磁极上。前、后端盖采用铸铝材料,采用机械加工方法保证轴承座与安装止口的同心度。通常 HB 型步进电机的气隙为 $0.05\sim0.1\text{mm}$,由于气隙小,所以控制各组件的加工精度相当重要。

转子装入定子和前后端盖,确保气隙均匀,永磁体的磁化方向为轴向,N、S 极在两端磁化,产生的磁力线方向如箭头所示,为容易理解,简化实际磁路为定子为 4 个主极与 5 个转子齿(见图 2.26),此处省略了定子绕组。

由于转子的永久磁铁的磁通在定子中变成交链磁通,当定子线圈流过电流时,根据弗莱明左手定则(I 为电流,B 为磁通密度,L 为线圈轴向有效长度)产生电磁转矩。2 个导磁体夹着 1 个永磁体,转子的齿位置互相相差 1/2 齿节距。转子的磁通从 N 极出发,经过气隙最小处(定转子齿相对的地方)到定子磁路,再返回转子的 S 极,磁路如箭头所示。

图 2.26 左侧的转子上部,右侧的转子下部产生吸引力,轴两侧产生力矩(此力是不平衡电磁力),转子的旋转受定子激磁线圈切换产生旋转力。轴承的间隙会很容易产生振动。实际上定子主极为 8 个极,转子齿数为偶数,目的是消除此不平衡电磁力。实际上与 2 个转子齿部相对的

定子,在轴向上并非是分开成两个,而是采用硅钢片叠压而成一体。

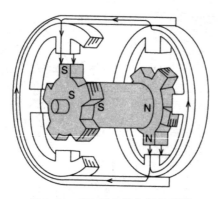

图 2.26　HB 型步进电机的磁路

　　图 2.27 描述了两相 HB 型步进电机的工作原理。永久磁铁使转子产生 N 极和 S 极,由吸引力和排斥力产生电磁转矩,两相绕组假设为 A 相、B 相、$\overline{A}$ 相、$\overline{B}$ 相。例如,A 相和 $\overline{A}$ 相接通电源,根据右手螺旋法则产生相反的磁场(如图 2.27 所示)。同样,B 相与 $\overline{B}$ 相也是如此。图 2.27 中,实线箭头表示转子磁通,虚线表示为其磁路磁通 Φ_{m}。从转子磁铁的轴向图看,转子 N 极通过气隙向下进入定子,通过定子磁极轴向穿过铁心到达上面的定子磁极后,穿过气隙回到转子 S 极。图 2.27 充分说明了 HB 型步进电机的结构和工作原理。

　　转子磁路中间为永久磁铁,下侧为 N 极,上侧为 S 极。磁铁的厚度方向磁通由上向下。开始状态(a)为 A 相激磁,则 $\overline{A}$ 相极性相反,因此停在图示位置,转子与 A 相和 $\overline{A}$ 相的各一半对应,形成交链磁通 Φ_{m},如图中虚线所示。

　　下一步,激磁相转换到状态(b),断开 A 相激磁电流,接通 B 相激磁电流,则转子向右移动 1/4 转子齿距,运行到图(b)的位置。

　　再一步,激磁相转换到状态(c),断开 B 相激磁,接通 $\overline{A}$ 相激磁,则转子从状态(b)向右移动一步(1/4 齿距)运行到状态(c)的位置。同样,激磁相换到状态(d),断开 $\overline{A}$ 相激磁,接通 $\overline{B}$ 相激磁,则转子从状态(c)向右移动一步(1/4 齿距)运行到状态(d)的位置。再一步,就返回状态(a),依次不断循环。

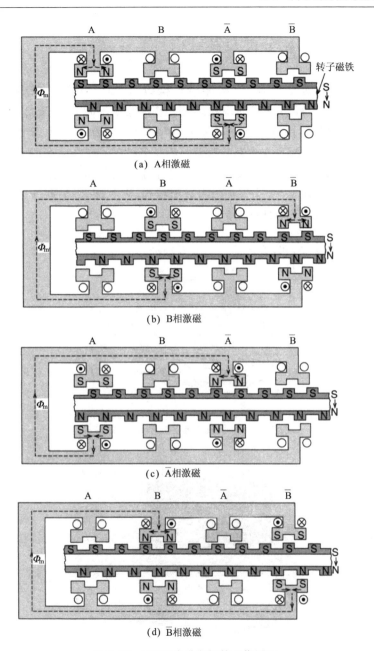

(a) A相激磁

(b) B相激磁

(c) $\overline{\text{A}}$相激磁

(d) $\overline{\text{B}}$相激磁

图 2.27 HB 型步进电机的工作原理

2.3 电机按相分类及其结构

根据前节的转子分类方法中，VR 型和 HB 型皆有定子绕组与之相配，即决定转子转动方向的绕组结构。PM 型除单相式以及图 2.10 的 PM 分布型以外，还有轴向串联多级（Multi-Stack）配置。步进电机的结构依据定子的相配置方式有分布型和串联多级型。现在生产的 HB 型为分布型，PM 型为串联多级型。VR 型有分布型与串联型。图 2.22 为 VR 的分布型，图 2.28 为 VR 的串联型结构，图 2.29 为串联 VR 型步进电机的定子和转子的外观图片。

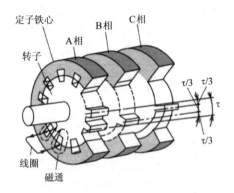

图 2.28 串联型步进电机（VR 型）的结构

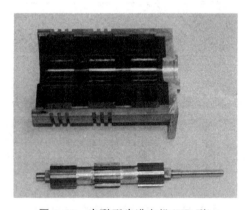

图 2.29 串联型步进电机（VR 型）

此种串联型结构的步进电机比图 2.22 所示的 VR 分布型的输出转矩要大,由于 VR 型本身不使用永久磁铁,故其效率和阻尼比 HB 型要小。并且由于转矩与线圈电流的平方成正比,所以控制难度大,目前已很少使用了。

2.4　HB 型步进电机的转子齿数与主极数之间的关系

到现在已经学习了步进电机的工作原理、结构,读者一定关心步进电机的相数、转子齿数与主极数之间有什么关系。设计步进电机时肯定要了解这些关系。对于使用步进电机的客户,更重要的是详细了解步进电机的结构和性能。本节将介绍其一般的关系式。

1. HB 步进电机的相数、转子齿数、主极数之间的表达式

如 HB 型步进电机为 P 相,转子齿数 N_r,则依据式(2.1)可知其步距角 θ_s 为

$$\theta_s = 180° / PN_r$$

此时,定子 1 相主极数（$A\overline{A}$ 相的总和）为 m 个,均匀配置,其内径配置的多个细齿齿数相同。转子永久磁铁产生磁通的磁路如图 2.27(a)中的虚线所示,在 $A\overline{A}$ 间形成闭合磁路。与后面叙述的三相 HB 和五相 HB 型等奇数相不完全相同,在 $A\overline{A}$ 间不能形成闭合磁路,需要跨接到 B 相、C 相等其他相形成闭合磁路。前者被称为相内磁路式,后者称为相间磁路式。

两相 HB 型步进电机皆为相内磁路,而三相 HB 型步进电机存在相内磁路和相间磁路两种形式。图 2.30 为三相 HB 型步进电机,有 6 个磁极,极上并没有小齿,转子齿数也少,图 2.30 描述了定子和转子的磁通路径,其中(a)为相内磁路,(b)为相间磁路。

例如图 2.30(a)相内磁路的情况,定子主极 A_1 与相邻 B 相的 B_1 或 C 相的 C_2,向下一相激磁时,会对与 A_1 同极性的转子齿产生吸引力。在永久磁铁后侧的五个转子齿用剖面线表示,其与前侧的转子齿极性相反。同样图 2.30(b)为相间磁路,定子主极 A_1 与相邻 B 相的 B_1 或 C 相的 C_2,向下一相激磁时,会对与 A_1 异性的转子齿产生吸引力。永久磁铁后侧的四个转子齿用剖面线表示,与前侧转子齿极性相反,与(a)磁路相同。

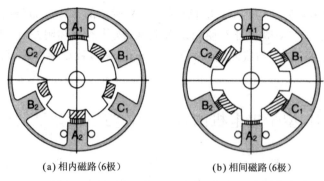

(a) 相内磁路(6极)　　　　　(b) 相间磁路(6极)

图 2.30　转子齿数与定子极数之间的磁路形式

2. 相内磁路的一般表达式

图 2.31(a)为相内磁路,主磁极共有 mP 个,由于节距相等,相邻相的 A 相和 B 相之间的节距①为 $360°/mP$。当 A 相通激磁电流时,其磁极与转子极性相反的齿相对应,当再给 B 相通电,并在 B 磁极上产生与 A 相相同的极性时,转子齿转动到 B 相上。为简化起见,图中 A、B 相定子齿由多齿简化为单齿。

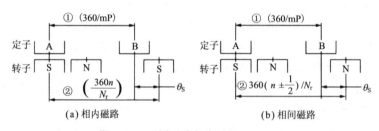

(a) 相内磁路　　　　　(b) 相间磁路

图 2.31　不同磁路与步距之间的关系

此时,与 A 相相对的转子齿与 B 相其次要相对的转子齿的节距②如图所示为 $360°n/N_r$(n 为整数),则步距角为①与②之差:

$$\theta_s = \pm\,[(360°/mP)-(360°n/N_r)] \tag{2.2}$$

将式(2.1)代入式(2.2)得:

$$N_r = m(nP\pm1/2) \tag{2.3}$$

此为相内磁路时,转子齿 N_r 与相数 P、主极数 m 的表达式。式(2.3)中 N_r 必为整数,否则没有意义。此时要注意 m 必须为偶数。

两相 HB 型步进电机,当 $P=2$ 时,主极为 $8(m=4)$ 代入式(2.3),得

$$N_r=8n\pm2 \tag{2.4}$$

此为两相 HB 型步进电机的关系式。两相 HB 型步进电机的步距角为通常的 $1.8°$,将 $n=6$ 代入式(2.4),得 $N_r=50$。

两相 HB 型步进电机主极为 8,转子齿为 50 个的结构如图 2.32 所示。

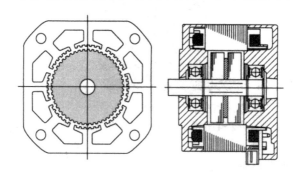

图 2.32　两相 HB 型步进电机(8 主极、50 齿、1.8°)的结构

两相 HB 型步进电机的步距角为 $0.9°$,主极为 16,$m=8$,$n=6$,得转子齿为 100 个的结构如图 2.33 所示。

图 2.33　两相 HB 型步进电机(16 主极、100 齿、0.9°)的结构

两相 $3.6°$步进电机主极为 4(在定转子间会产生不平衡电磁力,所以不鼓励使用此结构)时,依式(2.3),当 $P=2$,$m=2$,$n=6$ 时,得 $N_r=25$。图 2.34 为两相,4 主极,$3.6°$的步进电机结构,其外形为 42mm 步进电机,用于 5 寸 48TPI 的 FDD(软盘驱动器)上。当为三相时,由式(2.3),$m=$

$4, n=4, P=3$，得 $N_r=50$。主极数为 $mP=12$，θ_s 为 $1.2°$（如图 7.1、图 7.3、图 7.5、图 8.11、图 8.20、图 8.21 所示）。

图 2.34　两相 HB 型步进电机（4 主极，25 齿，3.6°）的结构

3. 相间磁路的一般形式

图 2.31(b) 为相间磁路，定子节距相等，主极数合计为 mP 个，相邻 A 相和 B 相之间的节距①与相内磁路节距相同，为 $360°/mP$。A 相激磁，与其极性相反的转子齿相对吸引。其次给 B 相激磁产生与 A 相相同的极性，吸引相应的转子齿。为便于理解，将多齿结构简化为单齿结构。

此时，与 A 相所对转子齿和 B 相将相对的转子齿之间的节距②为 $360°(n\pm1/2)/N_r(n$ 整数），如图所示。故步距角为①和②之差：

$$\theta_s=(-/+)\{(360°/mP)-[360°(n\pm1/2)/N_r]\} \tag{2.5}$$

将式 (2.1) 代入式 (2.5) 得

$$N_r=m[P(n\pm1/2)(-/+)(1/2)] \tag{2.6}$$

如相间磁路为三相，令 $P=3$，则得

$$N_r=m(3n\pm1) \tag{2.7}$$

三相时，主磁极为 3 的倍数，最简单的三相 3 主极时，$m=1$ 变成下式：

$$N_r=3n\pm1 \tag{2.8}$$

图 2.35 为 $n=3$，$N_r=8$ 的结构图，由式 (2.8) 和式 (2.1) 计算求得 N_r 和 θ_s，如表 2.3 所示。

设计时要注意，三主极的 HB 型步进电机会产生不平衡电磁力。由于只用三个线圈，所以对用于低价电动机的应用场合很有吸引力。

三相 6 主极时,$m=2$,得下式

$$N_r = 2(3n\pm1) \tag{2.9}$$

图 2.35 三相 HB 相(3 主极、8 齿,7.5°)的结构照片

表 2.3 三相 3 主极 HB 型的转子齿数与步距角

	$N_r=3n-1$		$N_r=3n+1$	
n	N_r	θ_s	N_r	θ_s
1	2	30°	4	15°
2	5	12°	7	8.571°
3	8	7.5°	10	6°
4	11	5.454°	13	4.615°
5	14	4.285°	16	3.75°
7	20	3°	22	2.727°
8	23	2.608°	25	2.4°
≀				
11	32	1.875°	34	1.764°
≀				
17	50	1.2°	52	1.1538°

$n=3$,$N_r=16$,步距角 3.75°的电机结构如图 2.36 所示。

三相 9 主极时,$m=3$,则

$$N_r = 3(3n\pm1) \tag{2.10}$$

$n=7$,$N_r=60$,步距角 1°的电机,轴向剖视如图 2.37 所示为图 2.32 的简化图。

三相 12 主极时,$m=4$,则

$$N_r = 4(3n \pm 1) \qquad (2.11)$$

$n=8$，$N_r=100$，步距角 0.6°的电机轴向剖视图如图 2.38 所示。

图 2.36　三相 HB 型(6 主极、16 齿,3.75°)的结构照片

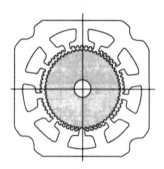

图 2.37　三相 HB 型(9 主极,60 齿,1°)的结构

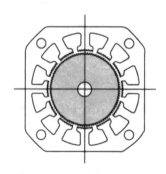

图 2.38　三相 HB 型(12 主极,100 齿,0.6°)的结构

上述简要介绍了相内磁路和相间磁路,以及定子主极等节距对称情况下 HB 型步进电机的相数、主极数和转子齿数之间的关系表达式。不仅设计电机时要了解这些基本原理,而且使用电机时也要系统了解电机的结构、性能、外形尺寸,并能够依据相数和步距角推出电机内部结构及解决问题的方法。

2.5 RM型步进电机

1. RM 型步进电机的结构

由于 HB 型步进电机转子上有许多齿,所以激磁磁通中会含有高次谐波。本节将介绍的 RM 型步进电机,其定子与 HB 型相同,圆柱形永磁转子的极数与 HB 型步进电机转子齿数相同。

本书介绍的三相 6 主极结构的 RM 型步进电机[6]比两相 RM 型步进电机的振动和噪音小,更适用于 OA 机、医疗器械、摄像机等。圆环形磁铁(Ring-permanent-Magnet,简称 RM 型)转子为 PM 型转子的一种,磁铁内装磁轭。图 2.39 为 RM 型转子与 HB 型转子的外观图。三相 RM 型步进电机的结构如图 2.40 所示。

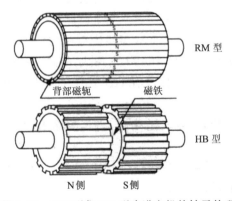

图 2.39 RM 型与 HB 型步进电机的转子外观

两相 PM 型爪极步进电机的磁路由转子磁极的 N 极发出,不是回到相邻 S 极,而是由于磁路本身的构造,通过定子齿、定子轭、相间的定子齿返回到 S 极,再由内部磁轭回到 N 极。其磁通路径如图 2.40 的虚线所示。本结构由于其转子的圆柱形磁铁内部大部分为中空,故可做成低惯量转子。

图 2.40　RM 型步进电机的结构

此种步进电机与 HB 型步进电机的比较如下:

(1)结构上,转子磁通接近正弦波分布,即转子没有齿,所以气隙磁通的分布接近正弦波,从而能降低振动和噪音,提高步距角的精度。

(2)由图 2.39 看出,与定子所对转子磁极的面积约为 HB 型转子的两倍,使交链磁通增大。HB 型转子表面齿槽关系只有 50%,并且前后转子齿之间相差 1/2 节距,而 RM 型转子的表面 100%通过有效磁通。

(3)HB 型要通过轴向磁路形成三维磁路,并且定子铁心叠片很厚,磁通要垂直穿过铁心叠片;而 RM 型步进电机的转子磁路垂直于输出轴平面流通,定子磁路沿硅钢片压延方向形成,故磁路变短,磁阻减小。

(4)RM 型的转子表面因没有 HB 型的软磁材料,所以没有磁阻、电感小,适用于高速运行。

从上述分析看出,该电机适用于高速、高输出功率、低振动、低噪音场合。

与 HB 型比较,因磁极数的限制,难以达到高分辨率(微小步距角),所以要依据使用目的加以选择。

2. RM 型步进电机的特征与特性

使用同一个定子,当一相 RM 绕组通电时,其交链的磁通相当于 HB 的三相绕组的磁通。当三相 RM 型步进电机的转子由外部转矩驱动时,其相绕组的感应电压的波形如图 2.41 所示,RM 型的电压波形接近正弦波,从而推出磁通的波形也是正弦波;相对的 HB 型电压波形与 RM 型比较略有畸变。

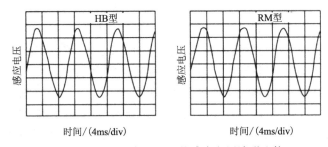

图 2.41 RM 型与 HB 型的感应电压波形比较

其次,从 RM 型步进电机细分驱动效果看,图 2.42 为 RM 型步进电机进行步距角细分(10 倍)与 HB 型步进电机的角度精度的比较,RM 型步进电机经过细分控制的角度线性精度好于 HB 型步进电机。由于永磁体磁通的正弦分布,RM 型可说是低振动、低噪音、高精度的步进电机。

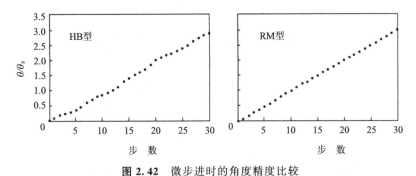

图 2.42 微步进时的角度精度比较

2.6 直线步进电机

直线步进电机是将旋转型步进电机的气隙展开伸长成直线。直线步进电机可以直线运动或直线往复运动。旋转电动机作为动力源,要转变成直线运动,需要借助齿轮、凸轮机构及皮带或钢丝。图 2.43 为旋转步进电机驱动直线运动的机构——软盘驱动器(FDD)磁头运动机构。

目前 3.5 英寸 FDD 的机构多采用图 2.43(a)的螺杆机构,虽然间隙很小,但效率低,因此高速运行困难,但由于价格便宜得以广泛使用。图

2.43(b)、图 2.43(c)、图 2.43(d)的机构为 5.25 英寸 FDD 的使用方式，图 2.43(c)的皮带式多用在打印机的传输筒驱动上。这些直线转换机构可以使用图 2.43(e)的直线步进电机来代替。

　　直线步进电机与旋转型比较，能直接直线运动，可以使机器小型化；对负载惯量敏感；如行程长，气隙会比旋转型的大，从而会产生效率下降等问题，使用时要特别注意使用用途和使用环境等方面的问题。

　　直线步进电机有三相 VR 型，此处介绍永久磁铁转子的运行原理——索耶(Sawyer)原理。图 2.44 表示利用索耶原理的步进电机工作原理。

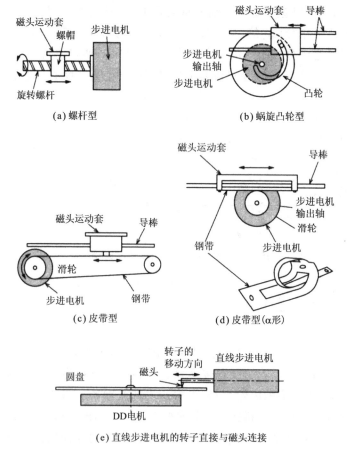

图 2.43　步进电机的旋转→直线运动转换机构

如按①、②、③、④的顺序切换电流,利用线圈电流给两个磁极激磁,产生相反的极性,与永久磁铁产生的磁通进行叠加,一个磁极的磁通相加,另一个就相减,当绕组产生的磁通与永久磁铁的相同时,相减磁极的磁通为零,此时永久磁铁的磁通通过同方向的激磁磁极,通过定子磁轭、动子的两个磁极,返回到永久磁铁的另一磁极,①、②、③、④顺序切换激磁电流,转子每次向右移动 1/4 定子齿距。此为索耶直线步进电机的工作原理。

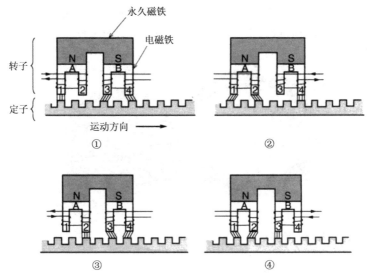

图 2.44 利用索耶原理的直线步进电机

2.7 外转子电机

转子为圆环,激磁线圈的定子在内部,其外圆旋转结构的电机称为外转子电机(outer rotor motor 或 inverted motor)。外转子电机可以依据其特性用于不同的场合,如应用到低速大转矩、直接驱动、恒转速、要求转速变化小等场合。当电机尺寸大小相同时,内转子的转子直径不如外转子大,转矩一般与 D^2L 成正比(D 为转子直径,L 为轴向长度),而且外转子在低速下可产生大转矩。外转子的转动惯量大,有利于稳速运行。反之,当需要频繁起动停止或频繁调速运行时,包括暂态运行,都不适合使用此种电机。

前面所述的 PM 型、VR 型、HB 型的转子与定子反装即可构成外转子电机。如 HB 型步进电机,永久磁铁装在外转子上,但电机外面会产生很大的漏磁通,定子绕组装于内部,适合于闭环控制。此电机很少使用开环控制。

图 2.45 为三相 VR 型 12 主极,100 齿,1.2°的转子与定子铁心。定子侧有永久磁铁的结构如图 2.46 所示,两图皆未画激磁绕组。两个定子铁心中间夹了一个永久磁铁,组成了定子。内圆有等节距齿的两个圆柱形导磁体,其齿前后错开 1/2 齿距后组成转子,这里未画出。

图 2.45　外转子式三相 VR 型(12 主极,100 齿,1.2°)的结构

图 2.46　外转子式 HB 型的定子

2.8　轴向气隙电机

定子与转子间的气隙位于轴向结构的步进电机,称为轴向气隙电机。圆盘形的永久磁铁两面磁化转子,气隙轴向配置的步进电机已经由欧洲电机厂家生产销售,因其低转动惯量而使其具有快速响应特性,由于分辨率比 HB 型步进电机差,所以没有被广泛使用。

第3章 步进电机的原理与特性

本章为步进电机的基础理论,主要讲解转矩是如何产生的？ 如何用数学公式表示。并且对步进电机的基本特性:静态特性、动态特性、暂态特性加以说明,以便读者更好地理解并掌握此三种基本特性。

3.1 基础理论

1. 转矩的产生及负载角

1) PM 型电机的转矩及负载角

步进电机可视为多极同步电机。同步电机的定子产生的磁场吸引转子磁极,使转子磁场与定子磁场同步旋转。如施加负载,转子磁场与定子磁场将保持某角度偏差,使转子上产生与负载平衡的电磁转矩,此偏差角度称为功率角。

如图 3.1 所示,定子位于气隙外侧,转子位于气隙内侧,定子与转子皆为永久磁铁。外侧的定子以 n_0 速度逆时针旋转,代表旋转磁场。此

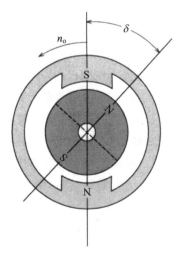

图 3.1 PM 型步进电机极对数 N_r 为 1 的情况。

时,如施加负载转矩 T_L,只使转子磁极轴线与定子磁极轴线偏差功率角 δ,转子仍与定子磁场以同步转速 n_0 旋转。因为转子产生的输出转矩 T_1 与负载角成正弦关系变化,最大转矩为 T_{m1},则表达式为:

$$T_1 = T_{m1} \sin\delta \tag{3.1}$$

故负载转矩 T_L 与 δ 平衡。图 3.2 的纵轴表示转矩 T_1,横轴表示负载角,$\delta = \pi/2$ 位移角时,产生最大电磁转矩。当负载转矩大于最大电磁转矩时,$\delta > \pi/2$,定子磁场将无法带着转子以同步速度旋转,此现象称为失步现象。实际步进电机的定子不是如图 3.1 所示的永久磁铁旋转,所谓两相电机,是指空间相差 $\pi/2$ 的两个线圈,通过相差 $\pi/2$ 相位差的交流电流后,产生旋转磁场。

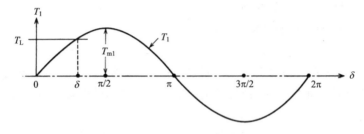

图 3.2　PM 型电机的转矩与功率角的关系曲线

2) VR 型电机的转矩与功率角

转子为非永久磁铁,是凸极导磁体(电工纯铁或硅钢板等),没有磁化时,与凸极发电机转子相同。如为图 3.1 所示的圆柱形转子时,从定子磁极向转子看的磁阻,对转子任意位置均相同,不会产生转矩。而如图 3.3 所示的凸极转子可以产生电磁转矩,带动负载转矩旋转。

图 3.3 所示是 VR 型步进电机,其外侧定子磁极以 n_0 速度旋转,电磁力即产生吸引力以平衡负载转矩,以负载角 δ 工作。由电磁原理得知,电磁吸引产生的转矩 T_2 使转子向磁阻减小趋势方向运行,图 3.3 所示假设逆时针方向转矩为正,顺时针方向转矩为负,则有如下关系:

$\delta = 0$ 时	$T_2 = 0$
$\pi/2 > \delta > 0$ 时	$T_2 > 0$
$\delta = \pi/2$ 时	$T_2 = 0$
$\pi > \delta > \pi/2$ 时	$T_2 < 0$

$\delta = \pi$ 时 $\qquad\qquad\qquad T_2 = 0$

这些 T_2 与 δ 之间的关系为正弦,如图 3.4 所示,表达式为

$$T_2 = T_{m2} \sin 2\delta \qquad\qquad (3.2)$$

此转矩是由于凸极转子产生的,称为磁阻转矩,其变化周期为 T_1 周期的 $1/2$。

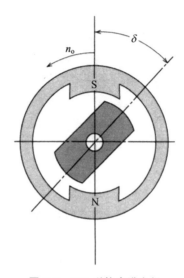

图 3.3 VR 型的步进电机

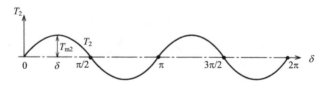

图 3.4 VR 型电机的转矩与负载角

3) 磁性凸极转子的转矩与负载关系

如图 3.5 所示,凸极转子采用永磁体,与定子磁场同步旋转,转子上带负载,以负载角 δ 状态旋转,T_1 与 T_2 同时作用于转子上,转矩 T 的表达式为

$$T = T_1 + T_2 = T_{m1} \sin\delta + T_{m2} \sin 2\delta \qquad\qquad (3.3)$$

如图 3.6 所示,合成转矩 T 受到磁阻转矩影响,使输出正弦的电磁

转矩发生畸变,图 3.5 为 HB 型结构,因转子的 N 极与 S 极相差 180°,此时 T_2 的磁阻转矩为可忽略不计。

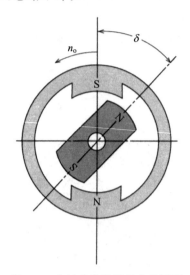

图 3.5　凸极磁化转子的电机图形

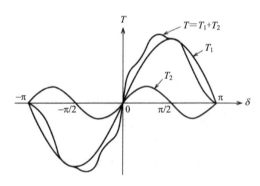

图 3.6　凸极磁化转子的转矩与功率角关系的曲线

2. 永磁转子步进电机的电磁转矩

图 3.7 为永磁式步进电机一相的等效电路,步进电机的一相线圈电阻为 R,外加电压 V,电流为 I 时,电机转速为 n 转/秒,负载转矩为 T,产生感应电势为 E_0,电压方程如下:

$$V = RI + E_0 \tag{3.4}$$

两边同乘 I,得下式

$$VI = RI^2 + E_0 I \tag{3.5}$$

式(3.5)左边的 VI 为输入功率,右边第一项 RI^2 为线圈铜损耗(焦耳),此处不计电机的内部铁损耗,则输入功率＝铜损耗＋输出功率,$E_0 I$ 转换成机械能输出,此输出机械能为 $2\pi nT$,公式为

$$2\pi nT = E_0 I \tag{3.6}$$

上式　　$2\pi n = \omega_{\mathrm{m}}$ (3.7)

则将式(3.7)代入式(3.6)得

$$T = E_0 I / \omega_{\mathrm{m}} \tag{3.8}$$

此为步进电机的一相电磁转矩,如为两相电机,第二相的转矩也如式(3.8)所示,只是电压相差 $\pi/2$ 相位,两相激磁将在后面详细介绍(式(4.6)和式(5.8))。

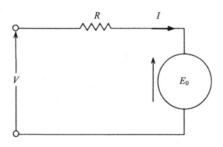

图 3.7　步进电机的一相等效电路

3.2　基本特性

步进电机的基本特性包括电机静态特性(静态特性)、电机连续运动特性(动态特性)、电机起动特性和电机制动特性(暂态特性)。

1. 静态转矩特性

步进电机的线圈通直流电时,带负载转子的电磁转矩(与负载转矩平衡而产生的恢复电磁转矩称为静态转矩或静止转矩)与转子功率角的关系称为角度-静止转矩特性,这就是电机的静态特性(图3.8)。

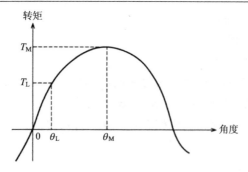

图 3.8　角度-静止转矩特性

因为转子为永磁体,产生的气隙磁密为正弦分布,所以理论上静止转矩曲线为正弦波。此角度-静止转矩特性为步进电机产生电磁转矩能力的重要指标,最大转矩越大越好,转矩波形越接近正弦越好。实际上磁极下存在齿槽转矩,使合成转矩发生畸变[7],如两相电机的齿槽转矩为静止转矩角度周期的 4 倍谐波,加在正弦的静止转矩上,则图 3.8 所示的转矩为

$$T_L = T_M \sin\left[(\theta_L/\theta_M)\pi/2\right] \tag{3.9}$$

图 3.8 和图 3.9 中 T_L 与 T_M 各表示负载转矩和最大静止转矩(或称把持转矩),相对应的功率角为 θ_L 与 θ_M,此位移角的变化决定了步进电机位置精度。根据式(3.9)得到下式:

$$\theta_L = (2\theta_M/\pi)\arcsin(T_L/T_M) \tag{3.10}$$

PM 型和 HB 型两相步进电机的步距角 θ_S 已在式(2.1)中讲过,角度改为机械角度(弧度),则变成下式:

$$\theta_S = \pi/(2N_r) \tag{3.11}$$

上式 N_r 为转子齿数或极对数,故两相电机 $\theta_M = \theta_S$。

负载转矩为电磁转矩的负载(如弹簧力或重物的提升力等),电机如要正反向运动,会产生 $2\theta_L$ 的角度偏差,要提高位置精度,θ_L 就要小,因此,依据式(3.10),应选择最大静止转矩 T_m 大、步距角 θ_S 小的步进电机,即高分辨率电机。根据式(3.11)可知,要使 θ_S 越小,N_r 越大越好。

另外,高分辨率的步进电机的转子结构大致分为 PM 型、VR 型、HB 型三种,其中 HB 型分辨率最好。

由于 PM 型定子磁极为爪级结构的关系,定子磁极数的增加受到机

械加工的限制。HB 型转子表面无齿,N 极与 S 极在转子表面交替磁化,因此极数即为极对数 N_r,同样的,转子磁极 N_r 的增加也受到充磁机械的限制。VR 型转子齿数与 HB 型相同时,因不使用永磁体,虽有相同的 N_r,但是步距角 θ_S 为 HB 型的 2 倍,并且由于无永磁磁极,最大转矩 T_m 比 HB 型小,如式(3.10)的 θ_L。

当两相步进电机外径为 42mm 左右时,N_r = 100 齿,步距角 0.9°,这是实际使用中最高的分辨率。N_r 变大,电抗也增加,则高转速下转矩会下降。因此,N_r = 50,步距角为 1.8° 的电机被广泛使用。对 HB 型结构,全步进状态的步距角精度为 ±3%,步进电机运行角度 $\theta = n\theta_S$,各步运行中无累积误差,电机的速度如足够大,尽可能提高 $n(\theta_S$ 小),以提高位置定位精度。

2. 动态转矩特性

动态转矩特性包括驱动脉冲频率-转矩特性和驱动脉冲频率-惯量特性。

1）脉冲频率-转矩特性

脉冲频率-转矩特性是选用步进电机的重要特性。如图 3.9 所示,纵轴为动态转矩(dynamic torque),横轴取响应脉冲频率,响应脉冲频率用 pps(pulse per second)作为单位,即每秒的脉冲数表示。

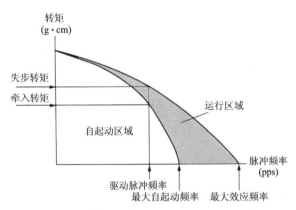

图 3.9　脉冲频率-转矩特性

如图所示,步进电机的动态转矩产生包括失步转矩(pull-out-torque)和牵入转矩(pull-in-torque)两个转矩。前者称为失步或丢失转矩,后者称为起动或牵入转矩。牵入转矩范围为从零到最大自起动脉冲频率或最大自起动频率区域。牵入曲线包围的区域称为自起动区域。电机同步进行正反转起动运行,在牵入与失步区域之间为运转区,电机在此区域内可带相应负载同步连续运行,超出范围的负载转矩将不能连续运行,出现失步现象。步进电机为开环驱动控制,其负载转矩与电磁转矩之间要有裕度,其值应为 50%~80%。

失步转矩与牵入转矩在 0pps 时相等。随着控制脉冲频率的增加,带负载能力会下降。在运行开始,控制脉冲频率应缓慢增加,以便利用低速下的大转矩,提供电机在低速运行时需要的加速转矩,减少加速时间。步进电机定子线圈的电感设计的越小,最大响应脉冲频率就越大,这样就可将慢加速驱动变为快加速驱动运行。

2) 脉冲频率-惯量特性

步进电机在带惯性负载快速起动时,须有足够的起动加速度。因此如负载的惯量增加,则起动脉冲频率就下降,为此,在选择步进电机时对两者要进行综合考虑。

图 3.10 纵轴为最大自起动频率,横轴为负载惯量,曲线表示负载惯量与最大自起动脉冲频率之间的关系。此处以 PM 型爪极步进电机(两相,步距角 7.5°)为例。负载 P_L 下,最大自起动脉冲频率 P_L 与负载惯量 J_C 的关系如下

$$P_L = \frac{P_S}{\sqrt{1+J_L/J_R}} \qquad (3.12)$$

式中,J_R 为步进电机转子惯量,P_S 为空载的最大自起动频率。

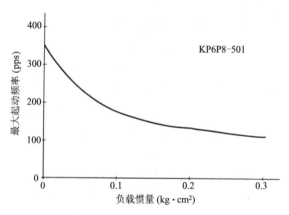

图 3.10 脉冲频率-惯量特性

3. 暂态转矩特性

由于步进电机转子惯量作用,即使空载运行一步,也会产生超越角(over-shoot),并在超越角与返回角(under-shoot)之间来回振荡,经过衰减后静止于所定角度,此为步进电机暂态响应特性。

图 3.11 表示步进电机的暂态特性,纵轴取转子移动角度,横轴为时间。△T 为上升时间,△θ 表示超越角,转子自由静止到设定位置的时间(通常到达步距角的 ±5% 误差范围的时间)称为稳定时间(setting time)。

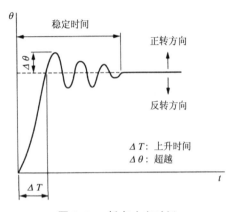

图 3.11   暂态响应时间

稳定时间越短,快速性越好,为了加快机构的运行速度,使稳定时间变短,步进电机的阻尼(制动)变得很重要。使稳定时间变短的方法有改变摩擦或改变惯量驱动等,在后面会详细介绍。

第 4 章　步进电机的技术要点

本章主要介绍产生步进电机涡流损耗的主要部件,说明构成步进电机中共性的问题,重点介绍永久磁铁、导磁材料、绝缘材料、轴承及其润滑材料、导线及绕组绕制方法、减速器等。

4.1　永久磁铁

要使步进电机体积小,转矩大,就要不断提高永久磁铁的性能。永久磁铁主要用于 PM 型和 HB 型步进电机的转子上。

1. 永久磁铁的功能

图 4.1(a)为永久磁铁在直流电机的使用方法,而(b)为永久磁铁在步进电机中的使用方法。

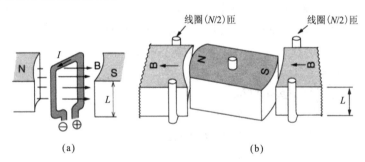

图 **4.1**　使用永久磁铁激磁

直流电机的转矩根据弗莱明左手定则,依据图 4.1(a)所示,得公式如下:

$$T = 2NIBL_r \tag{4.1}$$

式中,I 为线圈电流,B 为永久磁铁产生的磁通密度,L 为线圈永久磁铁轴向有效长度,r 为转子半径,N 为线圈匝数。

直流电机的永久磁铁安装在定子上(结构如图 4.1(a)所示),产生激磁密度 B。

相对于直流电机的结构，步进电机正好相反。步进电机的转子侧安装永久磁铁，如图 4.1(b)所示，磁通从转子 N 极出来，经过气隙、定子铁芯，再由 S 极下的气隙回到转子 S 极，构成闭合磁路。激磁线圈绕于定子磁极上，磁极中磁通 Φ 及相应的磁通密度 B 穿过转子。转子轴方向的定子有效长度为 L，图 4.1(b)为两相 PM 型步进电机的一相结构。

图 4.1(b)的步进电机，永久磁铁安装在转子上作为电机的激磁磁极，这种方式称为旋转磁极式。相应的，图 4.1(a)所示的电机称为旋转电枢式，步进电机的电磁转矩由式(3.8)得

$$T = E_0 I / \omega_m \tag{4.2}$$

式中，E_0 为感应电势，I 为电流，ω_m 为机械角速度。

式(4.2)为永久磁铁激磁的步进电机产生的电磁转矩，因此有下面的公式：

$$E_0 = N \mathrm{d}\Phi / \mathrm{d}t \tag{4.3}$$

$$\theta = \omega t \tag{4.4}$$

$$\omega = N_r \omega_m \tag{4.5}$$

式中，Φ 为交链磁通，θ 为转子转动角，ω 为电气角速度，N 为相线圈匝数。式(4.3)由法拉第定律得来，式(4.5)为机械角与电气角的关系式，把式(4.3)～式(4.5)代入式(4.2)得到转矩公式如下：

$$
\begin{aligned}
T_1 &= E_0 I / \omega_m \\
&= N(\mathrm{d}\Phi / \mathrm{d}t) I / \omega_m \\
&= N(\mathrm{d}\Phi / \mathrm{d}\theta)(\mathrm{d}\theta / \mathrm{d}t) I / \omega_m \\
&= N(\omega / \omega_m)(\mathrm{d}\Phi / \mathrm{d}\theta) I (\mathrm{d}\Phi / \mathrm{d}\theta) \\
&= N N_r I (\mathrm{d}\Phi / \mathrm{d}\theta)
\end{aligned} \tag{4.6}
$$

步进电机的转矩由永磁体产生的交链磁通变化率与流过线圈电流之积产生。E_0 为感应电动势，图 4.1(b)表示如下

$$E_0 = 2 \times 2 \left(\frac{N}{2} \right) B L r \omega_m \tag{4.7}$$

将此 E_0 代入式(4.2)，单相转矩变为下式

$$T_1 = 2 N I B L_r \tag{4.8}$$

依据图 4.1(b)，永久磁铁激磁的步进电机转矩公式为式(4.8)，当 $N_r = 1$ 时，转矩公式与直流电机的转矩公式(4.1)相同，直流电机的气隙磁通 B，相当于步进电机的交链磁通的有效当量部分总和。而铁心中心的

磁通密度因其为稳定的磁通量为无效磁通。

2. 步进电机使用永久磁铁的种类和特性

按步进电机使用永久磁铁的种类，可将步进电机的形式表示成表4.1。

表4.1 步进电机使用的永久磁铁

	烧结铁氧体	粘结铁氧体	粘接钕铁硼	铝镍钴	烧结钕铁硼
PM	○	○	○		
HB				○	○
RM			○		○

1) 铁氧体磁铁

表4.1的磁铁为用粉末冶金法制作的氧化物磁铁，有钡氧体系列与锶氧体系列，与其他的磁铁相比，具有比重小、转子惯量小、剩磁密度低、矫顽力高等特点，不易受去磁场的影响，为表4.1中最便宜的永磁体，适用于各种电机（包括PM型步进电机）。根据制造方法，使用烧结铁氧体与环氧树脂做粘合剂的压铸铁氧体（又称粘接铁氧体）比较，烧结铁氧体的磁能较高，但难以制造复杂形状的磁极。压铸铁氧体有注塑成型和压铸成型两种方法，前者能形成各种复杂形状，但磁性能比后者稍差。

2) Nd-Fe-B磁铁

简称钕磁铁。钕磁铁为稀土类磁铁的一种，稀土类磁铁的剩磁密度和矫顽力均很高，适用于步进电机使用，稀土类磁铁有Sm-Co（钐-钴）系列与Nd-Fe-B（钕-铁-硼）系列。HB型步进电机主要适用后者，主要是因为其磁能积大于35MOeG(M. Oersted,Gauss)，充磁比前者更容易且稳定性好。钕铁硼比其他磁铁容易生锈，使用时需要作防锈处理。

HB型步进电机转子安装前不磁化，安装后再磁化，装配时不会吸附铁粉等，也不会吸引定子，所以装配简单，如用钕磁铁的HB型转子，转子即使从定子中抽出，也不会退磁。

3) 铝镍钴磁铁

铝镍钴（Al-Ni-Co）磁铁为铸造磁铁，价格在铁氧体与钕磁铁之间，剩余磁通密度与钕磁铁相等，HB型步进电机开始就使用它，铝镍钴的另一特点是温度系数小，高温下不退磁，由此特别适用于高温的HB型步进电机。

但铝镍钴磁铁矫顽力比铁氧体磁铁要低,用于 HB 型步进电机时,要装配完成后再磁化,其转子如从定子中抽出,会产生退磁现象,即使再装回定子,也不会产生原来的转矩。与钕磁铁比较,其矫顽力小,轴向厚度要设计得大些。表 4.1 中的 RM 型电机是将 PM 型转子与 HB 型定子,特别是三相定子组合而成的,为区别于 PM 型,特将图 2.40 所示的步进电机称为 RM 型

4) 粘接钕铁硼磁铁

Nd-Fe-B 系稀土磁铁粉末与环氧树脂粘合的磁铁,比铁氧体的磁能大 10 倍左右,适合于小型化的电机。图 4.2 对相同大小的步进电机分别用钕铁硼与铁氧体激磁得到的转矩进行比较,材料费提高的同时,转矩也增大了。

烧结钕铁硼与粘接钕铁硼相比,前者磁能积高,但不能做出复杂的结构,粘接钕铁硼与铁氧体一样,能注射或压铸成复杂形状,前者用注射成型,能制造出复杂形状,但磁性能比压铸成型的要低。

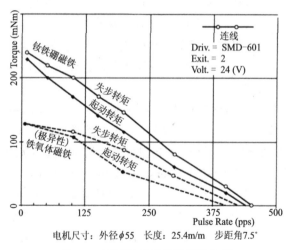

电机尺寸:外径φ55　长度:25.4m/m　步距角7.5°

图 4.2　不同种类磁铁的转矩比较

3. 各向同性与各向异性磁铁

磁铁有任意方向皆能磁化的各向同性磁铁与只有固定方向磁性强的各向异性磁铁相比,后者磁化后磁能高,可以用于高转矩的电机。

各向异性磁铁的产生,是在磁铁加工过程中,加入磁场磁化,使分子

形成各向异性。各向异性磁铁有环状磁铁、径向异性磁铁、表面圆周上定极数磁铁、极异性磁铁及盘状轴向异性和径向异性磁铁。表 4.2 中轴向异性磁铁简称为异性磁铁。

图 4.3 示出磁铁的种类及其特征,各向同性烧结铁氧体与极异性烧结铁氧体的转矩特性比较如图 4.4 所示[8]。

表 4.2　永久磁铁磁化方向的种类及适宜的电机

	各向同性	径向异性	极异性	各向异性
PM	○		○	
HB				○
RM		○		

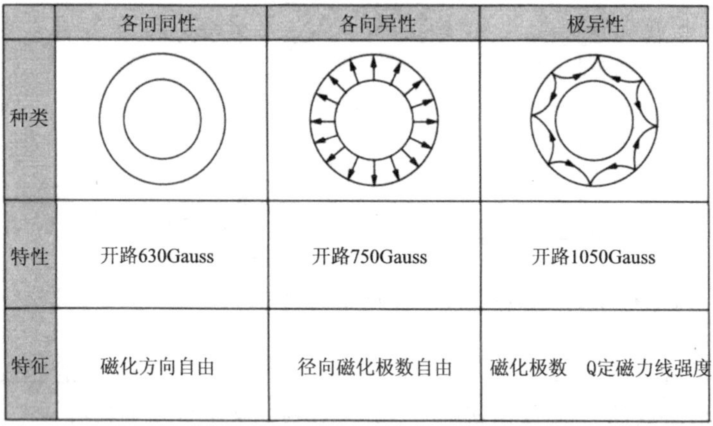

	各向同性	各向异性	极异性
种类			
特性	开路630Gauss	开路750Gauss	开路1050Gauss
特征	磁化方向自由	径向磁化极数自由	磁化极数　Q定磁力线强度

图 4.3　磁铁的种类及其特征(日立金属(股份)资料)

所谓极异性的叫法始于作者[8],现在此种名称已经得到大家认同。图 4.4 为电机外径 42mm,长度 21.8mm,步距角 7.5°的 PM 型步进电机。低速时,极异性烧结铁氧体的转矩特性比各向同性烧结铁氧体转矩特性约高 50%,从图 4.3 中开路磁密度值看出转矩比值接近 1050/630,从而印证了电磁转矩 T 与磁场 B 成正比关系。

4. PM 型与 HB 型转子使用磁铁的差异

PM 型与 RM 型转子磁铁类似,本节重点讲 PM 型步进电机。PM 型与 HB 型转子磁铁的种类不同,而且磁化方向及磁极数也不同。

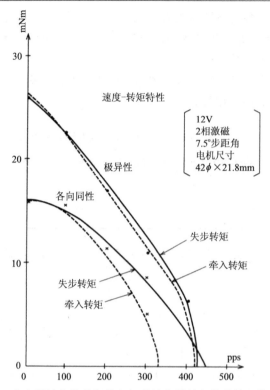

图 4.4　各向同性烧结铁氧体与极异性烧结铁氧体的转矩特性比较

　　PM 型为多极型,转子外表面上 N、S 极交替安装,HB 型的磁铁为轴向磁化,磁铁的一面为 N 极,另一面为 S 极。PM 型转子只有一个,由于转子表面极数多,要使用专用充磁设备,充磁绕组要安装在永久磁铁的表面,并通以大电流产生强磁场。由于转子磁铁充磁,所以转子磁轭部分磁场恒定,转子不会发热。将充磁后的转子装入定子中,即完成电机装配。

　　与此相对,HB 型步进电机将未充磁的转子先装入定子中,安装完后再做轴向两极充磁。因此,由定子外侧给转子的永磁体充磁,转子结构如图 2.25 或 2.26 所示,两个软磁铁如同三明治般将永磁体夹在中间组成 HB 型永磁转子,相对于 PM 型充磁,需要更大的安匝数(电流 A×线圈匝数),电机的外部为充磁线圈,所以充磁比 PM 型要简单。图 4.5 表示 PM 型与 HB 型使用的永磁铁的形状。HB 型的铁氧体形状如图 4.5 所示,使用 Al-Ni-Co 所需要的厚度为钕铁硼的数倍。

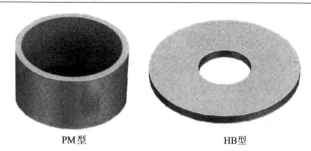

PM型　　　　　　　　HB型

图 4.5 PM 型与 HB 型使用钕铁硼永久磁铁的形状

4.2　磁性材料

步进电机的材料有铁、铜、铝、永久磁铁、树脂等,其中铁占比重最多,即所谓的导磁材料。HB 型或 VR 型定子与转子所用电工钢板的硅钢片厚度为 0.5mm 或 0.35mm,冲片叠压成定子或转子。PM 型定子使用冷轧钢板或电镀钢板,经过冲压和冷拉工艺,制造出 PM 型步进电机定子的爪级和磁轭。

1. HB 型用电工钢板

HB 型步进电机用铁心使用无取向电工钢带。无取向电工钢带冲压后叠成铁心,分为需热处理恢复磁性能与无需热处理恢复磁性能两种,HB 型步进电机使用前者,步进电机一般为多极,铁心中磁通方向频繁变换,磁通密度达到 0.18～1.5T。所以铁损耗大是其主要问题,为此使用硅钢片以减少铁耗。

铁耗 W 为磁滞损耗 W_h 与涡流损耗 W_C 之和,公式如下:

$$W_h = K_1 f B_m^{1.6} \tag{4.9}$$

$$W_C = K_2 (t f B_m)^2 / \rho \tag{4.10}$$

式中,f 为频率,B_m 为磁通密度的幅值,t 为硅钢片厚度,ρ 为电阻系数,K_1、K_2 为常数。

根据上两个公式,降低铁耗要使用 t 薄的硅钢片,特别高速的步进电机,其 f 很大,有必要注意铁耗引起的温升。

2. PM 型用冷轧钢板

PM 型步进电机的爪级及定子磁轭使用合适厚度的冷轧钢板,市场销售的此种材料的钢板最大厚度有 3mm，PM 型通常使用 1.5mm 以下厚度。JIS 规格有 SPC1（一般用），SPC2（拉伸），SPC3（深拉伸）。根据应用需求，市场上的 PM 型一般采用镀锌钢板为原材料，冲压加工制成，其成本较低。

4.3　绝缘材料与线圈

步进电机的绝缘材料或引出线及线圈等需要依据电机的耐热等级选择合适的材料。

1. PM 型步进电机的绝缘材料与线圈

线圈如图 2.11 或图 2.15 所示，利用塑胶树脂模铸成圆环状线圈。其厚度由电机决定，由于注塑成型，设计厚度要大于 0.5mm，铁心与线圈之间由塑胶树脂绝缘。

线圈骨架材料使用尼龙 66 或 PBT 等，线圈用聚亚氨酯（polyurethane）线或聚酯（polyester）线，根据绝缘等级区分使用。PM 型步进电机绝缘等级一般为 A（105°）以下。引出线的安装因各制造厂商而异，一般常用的方法是将引出线接头接入骨架模铸固定。

2. HB 型步进电机的绝缘材料与线圈

HB 型步进电机的定子有槽，线圈为集中方式，为达到机械绕线的目的，绝缘构造也加以改进。以图 4.6 为例，日本伺服（股份）公司用的槽绝缘插入绕线的定子，绕线如图 4.7 所示。

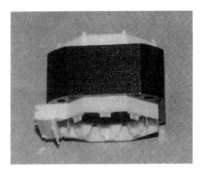

图 4.6　槽绝缘插入后，
嵌线前 HB 型步进电机的定子

图 4.7　嵌线后的 HB 型
步进电机定子

该方式如图4.6所示,定子铁心厚度为电机厚度的1/2,用裙状绝缘材料插入槽中,铁心槽侧面全部被树脂覆盖,利用绕线机的梭子牵引线机械绕制,线圈一个端点固定在接线柱上,另一端连接固定后从引出线出口引出。用此方法,电机定子与引出线部分可分开生产,便于部件标准化。

图4.8为引出线组装后的外观,图4.9为HB型步进电机接线状态的外观。此种方法有利于用户根据不同场合调整步进电机引出线的长度。

图 4.8　组装引出线后的
HB型步进电机定子

图 4.9　带引出线的HB型
步进电机外观

HB型步进电机使用E级(120°)绝缘,也可根据特殊要求,选用B级或F级绝缘材料。

4.4　轴　承

1. PM型步进电机的轴承

PM型步进电机价格低是其一大优势。定子与转子之间气隙约为0.25mm,轴承使用滑动轴承(sleeve metal),PM型步进电机的构造如图2.11剖视图所示。当有特殊需求时,可采用图4.10的悬臂结构形式。

图4.11为其外观。此电机厚度为14mm,外径68mm,呈扁平状,转子有100极,步距角为1.8°。

此种构造的转子轴插入轴承时,能确保定子内径与转子外径间的气隙是固定的。滑动轴承有金属系列与树脂系列,金属系列有铁系含油轴承或铜系含油轴承。铁系含油轴承适用于低速高负载,铜系含油轴承适用于高速轻载,减速器的轴承使用金属系列的居多。含油轴承用多孔烧结金属材料,孔中可储油,利用轴转动的泵效果,在轴承与轴之间形成油膜,树脂系轴承为无油轴承,其成本低,适用于轻载状态。

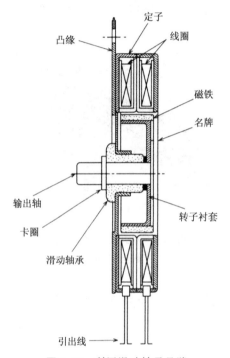

图 4.10　利用滑动轴承悬臂
结构的 PM 型步进电机

图 4.11　利用滑动轴承悬臂结构
的 PM 型(1.8°)外观

2. HB 型步进电机的轴承

HB 型步进电机其定子与转子间的气隙为 PM 型的 1/3,一般轴承采用滚动轴承,轴承内圈与轴紧密配合,外圈与定子部分滑配合。滚动轴承的内、外圈之间轴向要有预紧力(pre-load),由轴承弹簧产生。根据步进电机的精度要求,考虑使用不同轴承等级。滚动轴承的润滑脂依据使用温度范围的不同而有所选择。

4.5　减速器

步进电机在以下情况下使用减速器：

（1）步进电机切换定子相电流的频率，如改变步进电机驱动电路的输入脉冲，使其变成低速运动。低速步进电机在等待步进指令时，转子处于停止状态，在低速步进时，速度波动会很大，此时如改为高速运行，就能解决速度波动问题，但转矩又会不足。即低速会转矩波动，而高速又会转矩不足。

（2）小型（50mm 以下）PM 型步进电机的步距角为 7.5°，此种电机会出现位置控制精度变化的问题。

（3）步进电机的输出轴采用直驱负载的方式，当负载惯量大时，会出现加速转矩不足的现象。

（4）希望低速大转矩制动器的情况。

以上情形应考虑使用减速器。步进电机使用的减速器，要求齿隙小、耐冲击、齿面强度高。

下面介绍减速器的实用举例。

1. 高分辨率的 PM 型步进电机

图 4.12 为 35mm 直径的带减速器的 PM 型步进电机外形照片。带减速器的 PM 型步进电机用于绕线机的定位，此时相当于前面描述的提高分辨率的方法。

2. 低速大转矩高分辨率的步进电机

步进电机减速器的齿隙要小，因为步进电机用于位置控制的情况多，其位置精度决定了 HB 型步进电机的步距角 1.8°的精度±3％，如减速器的齿隙大于 1°就不能使用，因此通常使用平行齿轮或行星齿轮优化设计，可以减小齿隙，图 4.13 为复合齿啮合。减速器的齿隙极小。

此种减速器为谐波减速器，其外圆为 Z_1 齿，内圆为 Z_2 齿轮，谐波齿轮的外圆为椭圆形的波形发生器，滑动运行，使外椭圆变形，形成$(Z_2-Z_1)/$

图 4.12　装加速器的
PM 型步进电机

Z_1 高减速比。此时,外椭圆为复式啮合,成为小齿隙的减速器。实际上,此减速器常用于要求位置控制精度高的步进电机上。此种减速器能解决低惯量问题或低速大转矩问题。但此减速器的效率比普通减速器要低,使用时要特别注意。

图 4.13　Hamonic 齿轮减速器(Hamonic 公司提供)

图 4.14 为安装谐波减速器的三相步进电机外形,图 4.15 为带谐波减速器,速比为 1/50 的三相 RM 型步进电机的速度-转矩特性。据此,能得到低速大转矩的驱动系统。

图 4.14　带谐波减速度器的三相步进电机(Hamonic 公司 KR66KM4G)

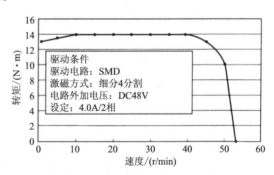

驱动条件
驱动电路：SMD
激磁方式：细分4分割
电路外加电压：DC48V
设定：4.0A/2相

图 4.15　带谐波减速器的三相步进电机(KR66KM4G)的速度-转矩特性

第5章 步进电机的驱动与控制

本章介绍步进电机的主要驱动方式和控制方法。步进电机性能除了电机本体外，还会根据驱动方式和控制方法不同而受到很大影响。选择步进电机的时候，同时要着重考虑驱动方式和控制方法。

5.1 恒电压驱动

1. 使用外加电阻的驱动

步进电机的绕组使用粗导线时，线圈电阻 R_w 值很小，如图 5.1 所示。在各相线圈中，串联外部电阻 R，为的是限制绕组流过的电流小于额定电流 I。限制绕组流过电流的方法，可采用降低电源电压和串联外部电阻 R 的两种方法。

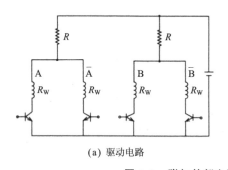
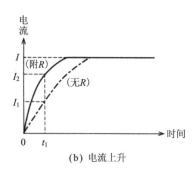

(a) 驱动电路　　　　　　　　(b) 电流上升

图 5.1　附加外部电阻的恒电压驱动

假设步进电机的线圈电感为 L，绕组电阻为 R_w，电气时间常数为 τ，外加电阻 R 时，电气时间常数公式如下

$$\tau = \frac{L}{R_w + R} \tag{5.1}$$

外加电阻使时间常数 τ 变小，电流上升比较快，从而使步进电机的驱动脉冲频率变快，图 5.1 所示为无外部电阻与带外部电阻 R 的电流上升曲线的比较，t_1 时刻，没有电阻 R 时，电流只上升到 I_1，有电阻 R 时，电流

上升到 I_2，使高速时的转矩得到很大的改善；缺点是铜耗增大。近几年都使用恒电流斩波驱动，恒压方式已不常用。

2. 无外加电阻的驱动

步进电机只有运行在低速下，才不需要外加电阻，线圈直接用电源电压外加功率半导体作恒电压驱动，此时步进电机的绕圈导线半径较细，匝数较多，电阻值较大。此方法多用于小电流驱动方式。

3. 电压驱动

驱动步进电机时使用外加电压，例如图 5.2 所示的方式，当驱动电压为 24V 时，达到位置后停止转动，将其电压切换为 5V，则总损耗功率下降。这便是二电压控制方式。也可以根据负载的种类，为保持定位的精度，稍加一定的电流。另一种方法是，在低速时用低的电压驱动，而高速时，即在一定速度以上就切换到高电压驱动的方法。

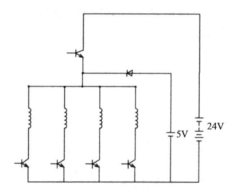

图 5.2　利用二电压驱动与位置定位

5.2　恒电流驱动

恒电流斩波器驱动(chopper)原理如图 5.3 所示。

额定电流或设置的驱动电流值为 I_0 时，加电压在绕圈上，若超过所设定的电流值 I_0，则把所加的电压 V 关断，使电流减少，若低于所设定的电流值 I_0，则把所加电压 V 打开，使电流再增加至所设定的电流值 I_0……如此反复，使 I_0 为恒定电流。图 5.3 中，V 以及 I 表示 1 相关断的电压、电流，1 相电压加到 t_1 秒时间区间。

　　如果步进电机低速转动时,不用恒电流斩波器驱动,当流过电机线圈的电流超过额定电流时,电机会产生很高的温升,有可能会烧毁。在高速运行时,1相绕组电压所加的时间若在图5.3的t_0以下,使电源不能保证提供设定的电流I_0值,此时变成恒压驱动。即在高速运行中,有斩波才能变成恒电流驱动。

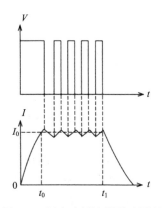

图 5.3　恒电流斩波器驱动原理

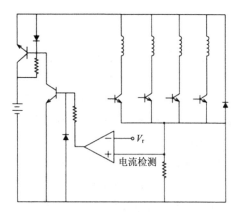

图 5.4　恒电流斩波器驱动电路

　　电流测量值与设定电流I_0相对应的基准电压V_r用差动放大器比较,使其达到设定的电流值,施加到电机的电压斩波器的控制端。此处,恒电流斩波电路使用恒电压电路。同一步进电机的恒电压与恒电流脉冲频率-转矩特性曲线比较如图5.5所示。

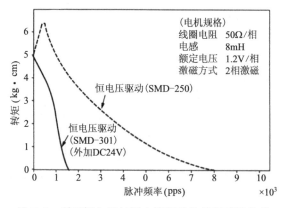

图 5.5　利用恒电压与恒电流驱动的转矩特性比较

　　两者在同一额定电流约 10pps 以内时,具有相同的转矩,但低速时恒电流斩波驱动器产生转矩较大。稳态电流值两者虽然相同,但由于恒电流斩波驱动器其电流上升快,所以其值略高于平均电流值,使用上需要注意上述问题。

5.3　单极驱动与双极驱动

　　有关单极驱动方式与双极驱动方式,已在第 2 章说明,此处再举例说明。

　　VR 型步进电机定子磁极吸引转子时,由于转子磁极为永久磁极,有磁化的 N 极和 S 极,不论定子绕组激磁所产生极性为 N 极还是 S 极均会产生吸引力。定子磁极激磁为 N 极时,吸引 S 极性转子磁极,激磁 S 极性的定子磁极会吸引转子的 N 磁极。因此,定子磁极需要极性的切换。

　　激磁定子磁极的线圈为单线圈绕组,磁极正反切换,则电流需正反向流,因此驱动电路为双极方式。磁极上绕有两个线圈组成双线圈,一个线圈直流通电产生的极性,与另一个线圈直流通电产生的极性相反,此为单极方式。图 5.6 表示单极方式与双极方式的简图,即在 1 个主极上的绕线方式。

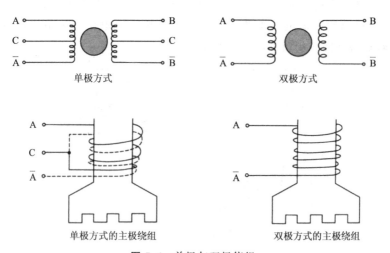

图 5.6　单极与双极绕组

单极方式时,两个绕组同时绕制,如图 5.6 所示,一个线圈的终端是另一个线圈始端,它们共用一点。单极式时,C 端接电源正极、A 端接电源负极,或 C 端接正、Ā 端接负的两种激磁状态下,定子主极及其前端的齿会产生相反的极性。

单极方式必须要注意,A 端子与 Ā 端子如同时通电,主极的合成磁通互相抵消,只产生线圈的铜耗。

图 5.7 表示单极和双极的两相驱动电路及其电压波形,两相式通常用两相激磁方式(通常两个相同时加激磁电压)。

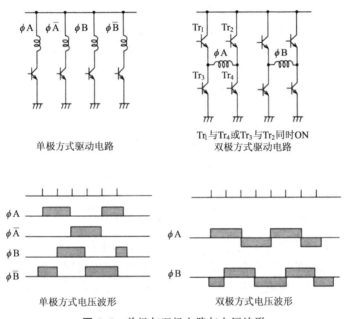

图 5.7 单极与双极电路与电压波形

比较单极式与双极式的驱动电路,单极式驱动电路功率管用 4 个,线圈电流在线圈内单一方向流动。相对的双极式的驱动电路功率管的个数为单极式的 2 倍,需要 8 个。正向与反向的电流在线圈内正反向交替流过,Tr$_1$ 与 Tr$_4$ 或 Tr$_3$ 与 Tr$_2$ 同时而且交替导通。Tr$_1$ 与 Tr$_3$ 即使短时同时导通,也会造成电源短路,产生很大的电流,因此有必要附加防止短路电路,双极式的驱动电路比单极的情况要复杂。

低速时的效率双极式比较好,图 5.6 所示的单极式与双极式的导线线径相同,单极情况的线圈匝数为 N,其电阻为 R,相对双极的匝数为 2 倍的 $2N$,线圈电阻也变成 $2R$。表 5.1 表示恒压驱动电路在低速时,对单极与双极驱动工作效率的比较。电流与线圈匝数之积称为安匝,与转矩成正比,两者如转速相同,输出功率也与其有比例关系。由于低速时,电抗小,电抗如果忽略不计,V/R 即为电流,与 N 之积 VN/R 变成安匝数。同样,双极电流为 $V/2R$,匝数也为 $2N$,此积与单极情形相同为 VN/R。输入恒压驱动的情形,双极与单极比较,如表 5.1 所示,电流只有单极的 $1/2$,低速时的效率为单极的 2 倍。

　　小型化或低速时,要产生大转矩的情况,应使用双极式驱动,但驱动电路复杂。高速驱动的情况,因双极式匝数多的关系,电感变大,使高速时电流减少,从而降低转矩,所以需要注意与单极式的转矩比较。

表 5.1　单极与双极的效率

	单　极	双　极
安　匝	$U_1 = \dfrac{V}{R} \cdot N$	$U_2 = \dfrac{V}{2R} \cdot 2N = \dfrac{V}{R} N$
输　入	$W_1 = \dfrac{V^2}{R}$	$W_2 = (\dfrac{V}{2R})^2 \cdot 2R = \dfrac{V^2}{2R}$
效　率	$\eta = \dfrac{U_1}{W_1} = \dfrac{N}{V}$	$\eta = \dfrac{U_2}{W_2} = 2\dfrac{N}{V}$

注:V 为所加电压;R 为电机线圈电阻;N 为单极匝数

　　图 5.8 为单极式步进电机及其线圈不使用中间抽头,两个线圈串联做双极式驱动的单极式与双极式的特性曲线,均采用同一恒电流驱动方式。一般低速大转矩的负载使用双极式驱动,而高速驱动应用以单极式驱动较适合。

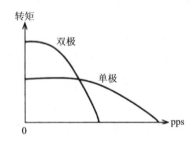

图 5.8　单极驱动与双极驱动的频率-转矩特性

图 5.8 实际上是铜耗不同的频率-转矩特性。图 5.9 为尺寸大小相同的 HB 型两相步进电机,用同一线径线圈绕制的单极式与双极式,铜耗即线圈电阻与额定电流平方之积相同时的频率-转矩特性曲线比较。双极式的匝数是单极式的两倍,电阻是单极式的两倍,电感约为单极式的四倍。

低速时双极式的输出转矩比单极式约大 50%,但由于电感大的关系,脉冲频率增加时,高速转矩变小,故针对负载的大小、使用速度、加速时间等,有必要合理选择单极式或双极式的驱动应用场合。

电机尺寸:42mm×40mm长
规　　格:两相HB型　步距角18°

单极
线圈电阻　　2.8Ω
电感　　　　2.5mH
额定电流　　1.2A

双极
线圈电阻　　5.4Ω
电感　　　　9.4mH
额定电流　　0.85A

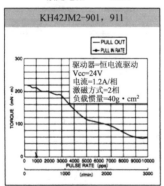

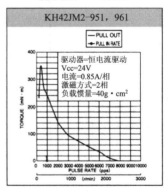

图 5.9 单极与双极的转矩特性比较(铜耗相同的情况)

5.4 激磁方式

表 5.2 表示两相单极式步进电机的激磁方式及其特征。

两相步进电机以基本步距角步进称为全步进驱动,其激磁方式有 1 相激磁方式和 2 相激磁方式两种。1 相激磁方式为按 1 相激磁驱动顺序来激磁。相对的,2 相激磁为两个相线圈同时流入激磁电流。

表 5.2 激磁方式及其特征

	内　容	步距角	输入	特　征	输入信号与各相电流的关系(两相单极)
1 相激磁方式	平时只 1 相绕组流过电流	θ	P	此种方式对输入功率、输出转矩大的步距角时的衰减振动大,容易失步。不使用于脉冲频率变化范围宽和不希望产生振动的情况	
2 相激磁方式	平时跨 2 相绕组流过电流	θ	2P	与 1 相激磁方式比较,输入变成 2 倍,衰减振动小,一般经常使用	
1—2 相激磁方式	1 相激磁与 2 相激磁交互进行	θ/2	1.5P	步距角变成 1 相或 2 相的 1/2,响应脉冲为 1 相或 2 相的 2 倍	

1 相激磁方式与 2 相激磁方式以相同电压驱动时,与 2 相激磁方式比较,1 相输入电流为 2 相的 1/2,转矩只不过减少 $1/\sqrt{2}$,比 2 相激磁方式效率更好。但步进时的阻尼(衰减)稳定时间长些,而且输入频率与转子的共振频率相近,易产生共振,发生失步现象,故只能使用在特定的速度范围内。因此,除特殊用途外一般不使用。

相对的,2 相激磁方式,转子步进时的阻尼好,输入范围宽时仍可安全运行,通常以全步进驱动,两相步进电机半步距驱动称为 1-2 相激磁方式,此为一相激磁与两相激磁交互通电驱动。此时,步距角为基本步距角的 1/2。若 1-2 相欲得到与 2 相激磁时相同的速度,则输入脉冲频率需要 2 倍。转动角变小,转动变圆滑,转动时的振幅变小,常用于改善步进电机的振动。对位置精度控制而言,1-2 相为 2 相分辨率的 2 倍,但其精度不佳,使用时要特别注意。

对平均输入功率 P 而言,1 相激磁如为 P,2 相激磁为 $2P$,1-2 相激磁则为 $1.5P$。速度-转矩特性与 2 相激磁比较,转矩变成 70% 左右。

图 5.10 表示 1-2 相激磁驱动的阻尼特性,图 5.11 表示 1-2 相与 2 相激磁的频率-转矩特性比较。暂态特性在 2 相激磁时比 1 相激磁时稳定时间变小。

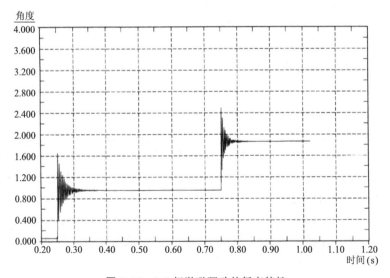

图 5.10 1-2 相激磁驱动的暂态特性

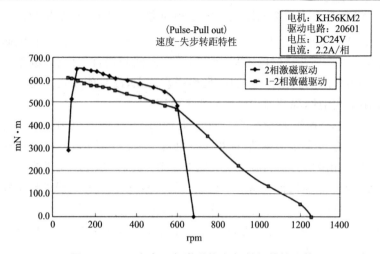

图 5.11　1-2 相与 2 相激磁的速度-转矩特性比较

图 5.11 表示的是 1.8°步距角的 56mm 两相 HB 型步进电机半步进 1-2 相激磁与全步进 2 相激磁的速度-转矩特性比较,根据比较发现,在 130rpm～550rpm 区间,1-2 相激磁比 2 相激磁的转矩只不过低 10% 左右。对 1.8°步距角的 HB 型步进电机,用全步进 2 相激磁运行时,在 60rpm 附近和在 600rpm 以上,因发生共振引起了转矩急剧下降。而半步进 1-2 相激磁驱动时,全部速度范围均比较平稳,没有出现共振现象。

5.5　细分步进驱动

细分步进驱动有时也被称为微动驱动,最近已统一为细分步进驱动。细分步进驱动是将全步进驱动时的步距角各相的电流以阶梯状 n 步逐渐增加,使吸引转子的力慢慢改变,每次转子在该力的平衡点静止,全步距角作 n 个细分,可使转子运行效果光滑,因此,在低速运转时,此法可认为是降低振动的有效手段之一。

图 5.12 表示两相式步进电机的 4 细分微步进的各相电流波形的概念图。各相电流值的峰值相等,相位偏差 90°。此电流的大小并非必须均等增加,通常其平均曲线会变成正弦波。

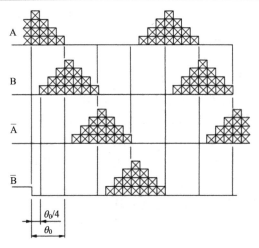

图 5.12 4 细分微步进的电流波形

改变此电流值的手段与图 5.4 所示电路图的恒电流斩波器部分相同,预先控制输出电路,确定电流波形。图 5.12 所示为供给 2 相式步进电机细分电流,图 5.13 为转子细分步进的情况。

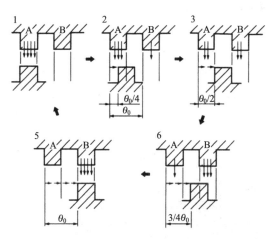

图 5.13 4 细分步进的转子步进

图 5.13 中,1 为图 5.12 的 A 相电流峰值时的状态;2 为 A 相电流由 1 段的峰值电流减少变成 3/4 阶段的电流,同时 B 相的电流从零开始增

加到 1/4 的峰值电流的过程；3 为 A 相电流由峰值电流下降到 1/2 峰值，B 相的电流上升到峰值的 1/2，两电流相等的状态；4 为 A 相电流由继续下降成 1/4 峰值，B 相电流上升到 3/4 峰值的状态；5 为 A 相电流由峰值时电流减少变成零，B 相的电流增加变成峰值时状态。定子的各相激磁电流大小与相对应转子步进情况如图 5.12 所示。

此时，简化图，A 相 B 相的节距 θ_0 作步距角，转子每次电流各变化一次，每步进 $\theta_0/4$，即已知步距角的四分之一。一般使用这种细分方法，可以使电流波形能够接近正弦波。此处增加细分步级的细分量，电流能近似正弦波，旋转转矩也能得到正弦波变化。

2 相步进电机的交链磁通与电流模型如图 5.14 所示。电流以角速度 ω 表示，A 相比 B 相超前 $(\pi/2)$，电流公式如下所示

$$i_A = I\cos\omega t$$
$$i_B = I\sin\omega t \tag{5.2}$$

激磁磁通在 A 相与 B 相交链部分，考虑相位相差 $\pi/2$，根据图 5.14 变成下式

$$\Phi_A = \Phi\cos\theta$$
$$\Phi_B = \Phi\sin\theta \tag{5.3}$$

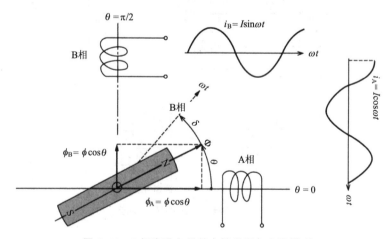

图 5.14　2 相步进电机的交链磁通与电流模型

设 A 相转矩为 T_A，B 相转矩为 T_B，2 相微步进驱动时的合成转矩为

T_2，考虑最简单模型，令式(4.6)中的 $N=1,N_r=1$，则转矩公式如下所示

$$T_A = i_A(\mathrm{d}\Phi_A/\mathrm{d}t) = -I\cos\omega t\Phi\sin\theta$$
$$= -I\Phi\cos\omega t\sin\theta \tag{5.4}$$

$$T_B = i_B(\mathrm{d}\Phi_B/\mathrm{d}t) = -I\sin\omega t\Phi\cos\theta$$
$$= -I\Phi\sin\omega t\cos\theta \tag{5.5}$$

$$T_2 = T_A + T_B \tag{5.6}$$

转子与定子的转动磁场同步，以负载角 δ（图3.1以及图3.5所示的 δ）转动，下式成立

$$\theta = \omega t - \delta \tag{5.7}$$

将式(5.6)代入式(5.4)，式(5.5)，式(5.7)得下式

$$T_2 = I\Phi\left[-\cos\omega t\sin(\omega t-\delta)+\sin\omega t\cos(\omega t-\delta)\right]$$
$$= I\Phi\sin\delta \tag{5.8}$$

即 T_2 为含 ω 的项消去，δ 取一定值，能得到近似正弦波的转矩。式(5.8)表示图3.1以及图3.5的转矩，如增加负载，δ 也增加，至 $\pi/2$ 时为其最大值。

以上细分步进驱动方式是降低振动极为有效的手段。此时，永久磁铁所产生的磁通分布假定为正弦波。HB 型步进电机的转子在 dq 轴方向分离成两个磁通，并且磁极上有很多的齿，容易产生高次谐波，因此，除式(5.8)所示的值外，还含有其他频率成分的磁场。

如上所述的细分步进驱动，降低振动的要点如下：

(1) 细分步进越是在低速运行时效果越好。2 相步距角 0.9°（定子主极数 16）的步进电机转速约 150rpm 以上，其减少振动量的效果就不明显。如输入脉冲频率太快，对细分步进波形来说，由于不能得到希望的电流波形，会使电机跟踪精度变差。

(2) 细分步进的细分数与降低振动效果；理论上细分数越多，降低振动的效果越明显，但实际到 8 细分时效果变化并不大。例如 8 细分与 16 细分以上不会有效果的差别（即没有什么效果变化）。图 5.15 表示两相 HB 型 16 主极的 0.9°步进电机细分数与速度波动的图像；图 5.16 表示改变细分数与转子速度变化情况，电机同样为两相 HB 型 16 主极的 0.9°步进电机。两者皆为 2 相激磁，1-2 相激磁，4 细分时没有看到大的差别。由图 5.16 可以看出，转数在 150rpm 以上时，步距角为 0.9°的电机虽然激磁方式发生变化，但速度变化差别不大。

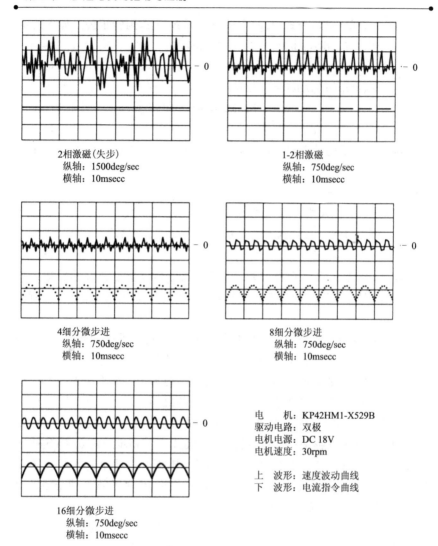

2相激磁(失步)
　纵轴：1500deg/sec
　横轴：10msecc

1-2相激磁
　纵轴：750deg/sec
　横轴：10msecc

4细分微步进
　纵轴：750deg/sec
　横轴：10msecc

8细分微步进
　纵轴：750deg/sec
　横轴：10msecc

16细分微步进
　纵轴：750deg/sec
　横轴：10msecc

电　　机：KP42HM1-X529B
驱动电路：双极
电机电源：DC 18V
电机速度：30rpm

上　波形：速度波动曲线
下　波形：电流指令曲线

图 5.15　细分步进数与角速度的变化

　　图 5.17 表示三相 HB 型步距角 3.75°时的全步距角,2 细分、4 细分、8 细分时的电流波形和电机转动角的波形。可以看出,电流波形 8 细分时接近正弦波。细分步进的细分数是决定驱动电路的复杂程度和成本的原因之一,应该根据使用目的和转速来合理选用不同的驱动电路。

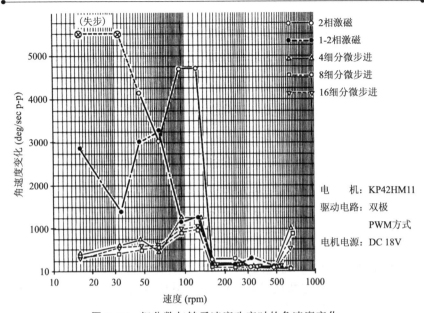

图 5.16 细分数与转子速度改变时的角速度变化

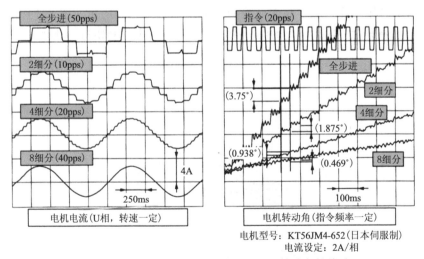

图 5.17 不同细分数的电流波形和电机转动角的关系

（3）细分的角度虽然能定位,但其精度不高,因此定位控制时,用细分的 2 相或 1 相导通方式来定位。

（4）相同情况下,细分步进时的各步(step)暂态特性因包含 1 相激磁或 2 相激磁等工作状态,故过渡过程并不一样。此种情况如图 5.18 所示。

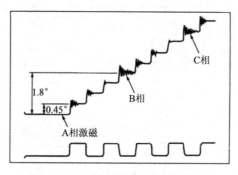

图 5.18　4 细分微步进的暂态特性

三相细分驱动时的转矩

　　下面讨论三相电机的转矩特性,由于其电流波形近似为正弦波,现将细分驱动时的转矩与两相电机比较来看。如增加细分的细分数,电流波形能近似正弦波,磁通的高次谐波的影响更明显。两相电机细分时的转矩磁通是不含高次谐波的正弦波,如式(5.8)所示。图 5.19 是对其磁通含三次谐波时的细分两相电机与三相电机转矩进行比较。

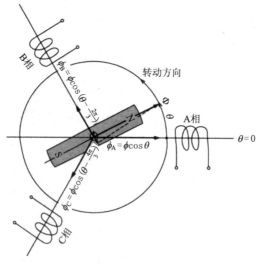

图 5.19　三相永磁式步进电机的交链磁通

三相电机的各相转矩与两相电机的曲线相同,用式(5.9)表示。交链磁通能用基波与奇数次高次谐波之和表示(偶数次的高次谐波与线圈交链时会抵消,不会变成交链磁通),基波与三次谐波之和如图 5.20 所示。

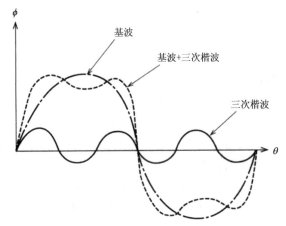

图 5.20　基波与三次谐波合成的畸变激磁磁通

以上各相的交链磁通用式(5.10)表示,电流 i 用式(5.11)表示:

$$T = i(\mathrm{d}\Phi / \mathrm{d}t) \tag{5.9}$$

$$\Phi_A = \Phi\{K_1\cos\theta + K_3\cos3\theta\}$$

$$\Phi_B = \Phi\{K_1\cos(\theta - 2\pi/3) + K_3\cos3(\theta - 2\pi/3)\}$$

$$\Phi_C = \Phi\{K_1\cos(\theta - 4\pi/3) + K_3\cos3(\theta - 4\pi/3)\} \tag{5.10}$$

式中,K_1、K_3 为基波和三次谐波的系数。

$$i_A = I\cos\omega t$$

$$i_B = I\cos(\omega t - 2\pi/3)$$

$$i_C = I\cos(\omega t - 4\pi/3) \tag{5.11}$$

转子以同步速度转动,下式成立

$$\theta = \omega t - \delta \tag{5.12}$$

根据以上式子,各相转矩合成的三相电机转矩如下式所示

$$T_3 = i_A(\mathrm{d}\Phi_A/\mathrm{d}\theta) + i_B(\mathrm{d}\Phi_B/\mathrm{d}\theta) + i_C(\mathrm{d}\Phi_C/\mathrm{d}\theta)$$

$$= (3/2)I\Phi K_1\sin\delta \tag{5.13}$$

即三相电机的转矩 K_3 项消去,不受磁通三次谐波的影响,不含 ω,成为一恒定转矩。

另一方面,两相电机的情形也同样变成如下式所示

$$\Phi_A = \Phi\{K_1\cos\theta + K_3\cos3\theta\}$$
$$\Phi_B = \Phi\{K_1\sin\theta + K_3\sin3\theta\}$$
$$i_A = I\cos\omega t$$
$$i_B = I\sin\omega t \tag{5.15}$$

根据上式,两相合成转矩的两相式细分驱动时的转矩 T_2 变成下式

$$T_3 = i_A(d\Phi_A/d\theta) + i_B(d\Phi_B/d\theta)$$
$$= I\Phi\{K_1\sin\delta - 3K_3\sin(2\omega t - 3\delta)\} \tag{5.16}$$

根据式(5.16),第 1 项为一恒定转矩,第 2 相为含 ω 的振动转矩。据此看出,两相电机的转矩依据磁通的三次谐波,包含含有电流频率 ω 的振动转矩。亦即两相电机受到磁场的三次谐波的影响,而三相电机的三次谐波由三相电机的构造抵消,与两相电机相比,三相电机可以制造出低振动的步进电机。

5.6 闭环控制

步进电机基本上以开环电路驱动,用于位置控制。换句话说,步进电机以外的电机尤其是高精度的步进电机之外并没有做开环控制定位的,而用开环电路驱动的电机只有步进电机。例如无刷电机,首先为切换相,需要测出转子位置,需要含位置传感器的位置闭环电路。而且如果按一定速度驱动,需测出转子的速度,此为速度闭环电路;如果想定位控制,需要含有转子位置信号的编码器等传感器的闭环电路。与开环驱动的步进电机相比较,含传感器的闭环电路成本较高。因此,步进电机被称为速度控制或位置控制的低成本驱动系统。

步进电机的开环电路驱动在高速转动时,有失步、振动(噪声)以及高速运行困难等问题。为了弥补这些缺点,步进电机安装角度传感器,形成闭环控制,用以检测并避免失步。步进电机的闭环控制方式大致分为两种:

（1）使激磁磁通与电流的相位关系保持一致，使其产生能带动负载转矩的电磁转矩，这种控制电机电流的方式与无刷直流电机控制方式相同，称为无刷驱动方式或电流闭环控制方法。

（2）电机电流保持一定，控制激磁磁通与电流相位角的方式，称为功率角闭环控制方法。功率角为转子磁极与定子激磁相（或认为是同步电机的定子旋转磁场轴线也可以）相互吸引所成的相位角。此功率角在低速时或轻载时较小，高速时或高负载时较大。如图 1.7 所示，$\overline{A}$ 相吸引转子磁极，其次 $\overline{B}$ 相激磁时的角度有 $\pi/2$，转子磁极位于 $\overline{A}$ 相前缘（图中转子的 S 极位于 A 相的左侧）时，使磁极 $\overline{B}$ 相开始激磁。为什么？因为高速时，受线圈电感的影响，使 A 相电流的关断时间延长，B 相电流上升时间也延长，因此，产生最大转矩加速的角度，其值随速度变快而变大。

电流闭环控制方法与交流伺服控制方法相同，通过电流控制环（转矩控制）适应负载的变化。图 5.21 表示三相步进电机的电流闭环控制系统的结构。图 5.22 表示两相步进电机的功率角闭环控制系统的结构[12]。

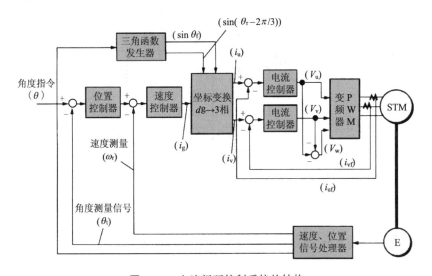

图 5.21 电流闭环控制系统的结构

图 5.22 为日本伺服（股份）公司步进电机的闭环控制产品，电流控制使用 dq 轴坐标变换得到功率角。图 5.23 为旋转坐标系与静止坐标系之间转换的向量图。

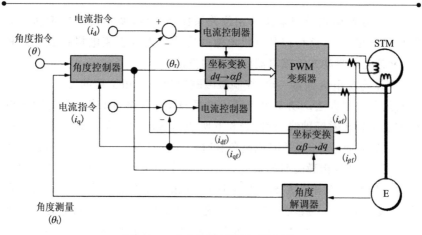

图 5.22　功率角闭环控制系统结构

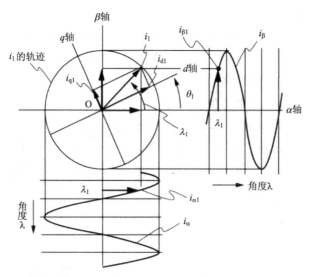

图 5.23　旋转坐标系与静止坐标系之间转换的向量关系

　　功率角控制方法中,电机电流一方面保持不变,另一方面要控制激磁磁通与电流相位角的变化。

　　恒定电流用于两相细分驱动,两个相差 90° 相位角的正弦波相电压加于两相绕组上。图 5.23 表示静止坐标系与旋转坐标系之间的关系。两相步进电机的绕组称 A、B 相,按照两相固定坐标系的互相垂直(α 轴、β

轴)轴名的称呼,2 相绕组称为 α、β 相。

α 相、β 相电流 $i_\alpha = I_1 \cos\lambda$,$i_\beta = I_1 \sin\lambda$ 流入绕组,当定子的合成电流 i_1 旋转到 λ_1 角度位置时,产生的电流向量在 α、β 相轴上的投影为 i_{α_1},i_{β_1}。相应的转子磁极位置在 θ_1 的方向,转子定义为旋转坐标系,其磁极的方向定义为 d 轴,逆时针旋转 90° 的方向定义为 q 轴,求得电流向量 i_1(相当定子激磁相或旋转磁场轴)在 d 轴和 q 轴上的投影 i_{d1}、i_{q1}。随着转子的转动,θ_1 随时间而变化,与电机速度相一致,而 dq 坐标也随着转子旋转,d 轴分量始终为磁通方向分量,q 轴分量始终与磁极垂直,成为与电磁转矩成正比的值(转矩电流)。通常的无刷直流电机将电流 i_1 方向控制在 q 轴方向上(故 d 轴与 i_1 互相垂直),若负载转矩恒定,则电流变成直流,步进电机的电流 i_1 的方向由外部角度指令来决定,要想产生平衡负载转矩的 q 轴电流,需要转动 dq 轴。

以 HB 型步进电机为例,步进电机的转子齿数 $N_r = 50$ 时,其转子极数为 100,是交流伺服电机极数(2~10 个)的 10 倍以上。因为步进电机与永磁同步电机的原理相同,所以控制电路结构也相同,但由于电流闭环控制器限制了系统的响应,随速度的上升,电流闭环控制系统的控制误差会增大。即 HB 型步进电机为同步电机的一种,又比交流伺服电机的极数多很多,当高速旋转时,很难维持闭环运行。电机转子旋转时,电机绕组会产生反电动势,随着电机转速的上升,反电动势也会增大,导致电源电压调节范围减小,进而导致步进电机相电流失控。

相对步距角闭环控制方式,按照步进电机转子的运动位置(激磁磁通位置),在适当的位置给各相通激磁电流,有不会受到电流闭环控制制约的优点。但与按照负载的变化增减电流的电流闭环控制系统不同,它存在轻载时效率低的缺点。因此,低速时用电流闭环控制,高速时,用步距角闭环控制,尤其在步进电机静止时,保持激磁电流恒定,可以产生保持力矩,并可以随时按照动作条件,切换控制方式。

通常步进电机具有价格低、位置控制稳定等优点。其驱动电路大都结构简单,如果步进电机如上述使用闭环控制,与交流伺服电机的电路结构相同,就没有了价格优势。近年电脑控制的性能提高,低价数字控制系统已经实用化。与交流伺服电机系统一样,采用 d、q 轴(旋转坐标)上的功率角矢量控制,已作为转矩控制的方法。

5.7　加速控制、减速控制

　　步进电机驱动负载可以按希望的速度起动,若驱动速度超过自身起动脉冲频率时,此速度下则不能起动。因此,只有比电机起动脉冲频率低的速度指令才能起动。采取加速的方法使速度线性增加到所希望的速度,此种方法称为慢速加速驱动。图 5.24 表示步进电机的加速与速度-转矩特性。

　　步进电机的速度-转矩特性有失步转矩(同步失步转矩)与牵入转矩(同步牵入转矩)。现在,负载转矩 T_L 的负载要用频率 f_2 驱动时,则自身起动脉冲频率应不大于频率 f_2 的数值。以十分低的频率 f_1 起动电机,然后加速达到频率 f_2,此时负载还包括转子惯量 J,此为加速惯量,需要必要的惯量加速转矩 T_a,因此这两个转矩($T_L + T_a$)的合成转矩成为起动到转速频率 f_2 时所必须的转矩。此时的加速转矩为下面步进电机运动方式的第一项:

$$J\frac{\mathrm{d}^2\theta}{\mathrm{d}t^2} + D\frac{\mathrm{d}\theta}{\mathrm{d}t} + T_L = T_M \tag{5.17}$$

　　上式的 D 为速度比例系数,第二项因此比其他项小而忽略不计。T_M 为步进电机产生的电磁转矩,($T_M - T_L$)如图 5.24 所示,能产生加速度的转矩。速度到达 f_2 后按设定的转速旋转一段时间,然后减速到 f_1,形成速度包络线,此时的减速运转称为减速驱动,此种速度曲线称为梯形驱动。

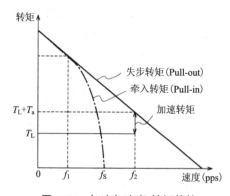

图 5.24　加速与速度-转矩特性

该速度包络线与其速度相对应的转矩特性见图5.25。此梯形面积相当总步数,电机轴在横轴的时间内,转过相当梯形面积的步距角,把负载拉到相应的位置上。设加速时间为t_a,步距角为θ_S,则加速转矩用下式表示

$$T_a = J\left(\frac{\pi\theta_S}{180}\right)\frac{(f_2 - f_1)}{t_a} \qquad (5.18)$$

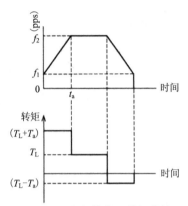

图5.25 速度包络线和转矩特性

步进电机的失步转矩为该电机能产生的最大转矩,由式(5.8)可知,负载角$\delta = \pi/2$时为产生失步转矩的时刻,电机到达f_2速度时,电机转矩只加T_L负载,在速度f_2与T_L平衡的功率角为δ,电机产生的转矩T_a分量减少。减速时如图示,也产生反方向转矩。此时,负载角δ变成负,产生反方向转矩。加速时的加速脉冲频率如图5.26所示,各梯形面积S由加速时间来决定,即各个梯形面积S等于步距角。

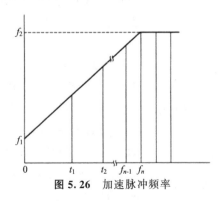

图5.26 加速脉冲频率

图 5.27 所示为两相 HB 型 1.8°步进电机由静止时开始加速(Slow up)的加速曲线。

此为步进电机的梯形驱动曲线,电机能快速达到目标位置,而不会出现失步现象。

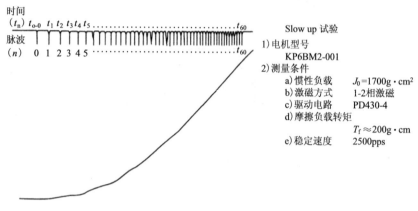

Slow up 试验
1)电机型号
　 KP6BM2-001
2)测量条件
　 a)惯性负载　　$J_0 = 1700\mathrm{g} \cdot \mathrm{cm}^2$
　 b)激磁方式　　1-2相激磁
　 c)驱动电路　　PD430-4
　 d)摩擦负载转矩
　　　　　　　　$T_\mathrm{f} \approx 200\mathrm{g} \cdot \mathrm{cm}$
　 e)稳定速度　　2500pps

图 5.27　加速与加速脉冲频率

5.8　附加制动的驱动方法

1. 反相序激磁制动

图 5.28 表示反相序激磁制动。步进电机的定位点在 B 相处,即最后停止位置在 B 相,因转子仍受 A 相激磁,须将 A 相 OFF,B 相来激磁,转子由 A 相稳定点运行到 B 相稳定点,照此运行,则转子会超越 B 相的平衡点,并在平衡点来回振荡直至稳定下来。

与此相对,转子由 A 相向 B 相运行时,B 相的绕组激磁 OFF,在超过 B 相稳定点的某一瞬间,A 相激磁将其转子的动能用 A 相制动消耗掉,然后再给 B 相激磁,在 B 相稳定点停止。因此,如图 5.28 所示,无超调量的转子逐渐停止。此时,制动激磁电流开始的瞬间和制动时间

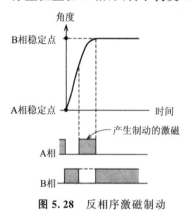

图 5.28　反相序激磁制动

非常影响制动效果。因此,为了达到制动效果,需要反馈转子的速度或位置信号,作闭环控制以确定何时作制动反相激磁。

2. 最终步进延迟制动

图 5.29 表示最终步进延迟制动。

以一定脉冲频率驱动步进电机,对最终停止相的指令脉冲进行延迟控制,延迟时间为在最终停止相的前一相的相超调峰值时刻,给最终相施加激磁脉冲。如图 5.29 所示,B 相的超越峰值位置接近最终停止的 C 相,C 相激磁后,无超调停止。

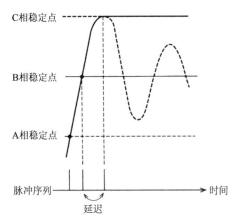

图 5. 29 最终步进延迟制动

5.9 三相步进电机的驱动电路

1. 三相电机的驱动方式

三相步进电机的相绕组有 Y 接法与△接法,即三个接线端子驱动,如图 2.17 所示,用 6 个功率管组成驱动电路。图 2.17 的驱动电路,如用表 2.1 的激磁顺序驱动,则施加在每相线圈上的电压波形为每相正相导通 120°,如图 5.30 所示。

此时的 120°通电如图所示,Y 接线为 2 相激磁,△接线为 3 相激磁。

现在,1 相绕组匝数为 N 时,Y 接线,每相电流 I 流入时的转矩 T_Y 与△接线所得相同的转矩 $T_\triangle$,由图 5.31 的三相电机 2 相激磁和 3 相激磁的向量图,推出下列的计算公式。必须要注意△接线总电流为 $\sqrt{3}I$。

$$T_Y = 2NI\cos 30° = \sqrt{3}\,NI \tag{5.20}$$

$$T_\Delta = (2/3)N(\sqrt{3}\,I) + (2/3)N(\sqrt{3}\,I)\cos 60° = \sqrt{3}\,NI \tag{5.21}$$

△接线激磁电流为 Y 接线的 $\sqrt{3}$ 倍,并且比 Y 接线方法的转速高。
图 5.32表示三相接线方式及其驱动电路,除了Y接线与△接线外,还有

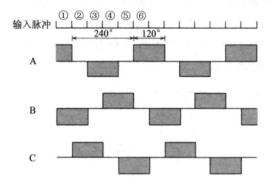

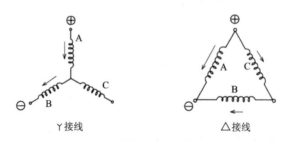

图 5.30　激磁顺序与三相接线方式

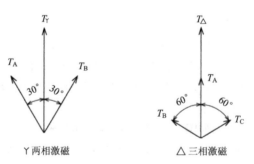

图 5.31　激磁方式与合成转矩

三相独立绕组驱动,也称 6 端子驱动的方式(H 电桥)。现在,此 3 种电路以同一电压驱动,Y 接线为两个相绕组串联关系,电压加在此二相串联绕组,串联绕组电感变大,其电抗 ωL 与电机速度一起增大,导致电流减少,使转矩下降。

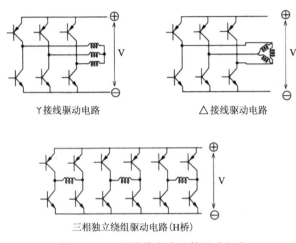

Y接线驱动电路   △接线驱动电路

三相独立绕组驱动电路(H桥)

图 5.32 三相接线方式及其驱动电路

△接法为 1 相支路与 2 个相串联支路形成并联,与 Y 接法比较,绕组内电流在电机高速运行时也能流过,高速转矩的下降变小。

三相独立绕组驱动(也称为 H 电桥)中的各线圈分别加电压 V,此方式为三者之中最能进行高速转动的驱动方式。但功率管数量为 Y 或△的 2 倍共 12 个。

这些驱动方式中以 Y 与△接线最为常用,现以 42mm、33mm 长、步距角 3.75°HB 型步进电机为例来进行比较,图 5.33 表示全步进驱动。如前述△接法的电流值为 Y 接法的 $\sqrt{3}$ 倍,低速时二者有相同转矩,但△接线方式在高速转矩更好。

2. 三相步进电机用驱动器 IC

现在市面出售的 Y 或△接线用驱动 IC 主要如下:

(1) 三权电气(股份)公司制造的两相以及 2-3 相驱动芯片 IC。

(2) 新电元工业(股份)公司制造的两相以及 2-3 相驱动芯片 IC。

(3) 日本伺服(股份)公司制造的细分用开关阵列。

（4）三洋电机（股份）公司制造的细分用混合 IC。

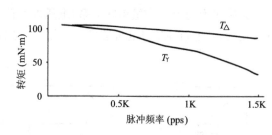

图 5.33　脉冲频率-转矩特性（全步距）

第6章 步进电机的特性测量方法

为了评估步进电机的特性必须要有必要的测量方法。本章针对步进电机的基本特性①静态特性：静态转矩特性，步进角度精度；②动态特性：速度-转矩特性；③暂态特性；介绍各种测量方法。并且进一步说明引起步进电机产生振动和噪音的原因，以及振动和噪音的测量方法。

6.1 静态特性

1. 静态转矩特性

静态转矩特性为步进电机的转子静止状态（平衡状态）的特性，该特性与时间无关，静态转矩特性也称为角度-静态特性或刚度特性，是步进电机定子直流激磁状态下，负载转矩与转子位移角度的变化关系。此转矩如图 6.1 所示，以正弦规律变化，最大转矩为 T_M，产生的静态转矩 T 与位移角 θ 的关系如下[14]

$$T = T_M \sin(\frac{\pi\theta}{2\theta_M}) \tag{6.1}$$

其中，图 6.1 的 θ、θ_L、θ_M 为机械角度。θ_M 为产生 T_M 的角度。两相 PM 型或两相 HB 型的步距角一致。

根据式（6.1）和式（3.10）得知，负载转矩 T_L 决定位移角 θ_L 的大小。

由于步进电机的负载决定角位置，因此一定负载转矩 T_L 时，θ_L 越小，角度精度越高。因此希望步进电机最大静态转矩（保持转矩）T_M 要大。连续测量 T_L 与 θ_L，就可以得到静态转矩特性曲线。

步进电机的静态转矩特性，可以 1 相激磁，也可以 2 相激磁，A 相与 B 相 1 相激磁转矩公式如下式所示，其中角度 θ 为电气角。

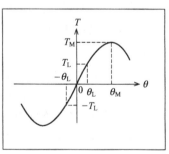

$$T = T_M \sin\frac{\pi}{2\theta_M}\theta$$

$$T_L = T_M \sin\frac{\pi}{2\theta_M}\theta_L$$

$$\theta_L = \frac{2\theta_M}{\pi}\arcsin\frac{T_L}{T_M}$$

图 6.1 静态转矩特性

$$T_A = T_M \sin\theta \tag{6.2}$$

$$T_B = T_M \sin(\theta - \pi/2) \tag{6.3}$$

2 相激磁转矩 T_{AB} 由式(6.2)和式(6.3)推导为

$$T_{AB} = T_M [\sin\theta + \sin(\theta - \pi/2)]$$

$$= 2T_M \cos(\pi/4) \sin(\theta - \pi/4)$$

$$= \sqrt{2}\, T_M \sin(\theta - \pi/4) \tag{6.4}$$

2 相激磁的转矩为 1 相的 $\sqrt{2}$ 倍,相位位移 $\pi/4$。1 相激磁转矩 T_A、T_B 与两相激磁的转矩 T_{AB},如图 6.2 所示。

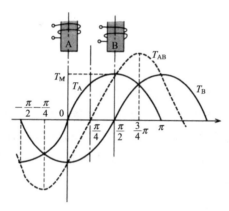

图 6.2 1 相激磁与 2 相激磁的转矩关系

其次,说明这些转矩的测定方法。最近由专业生产测量设备的厂家生产的步进电机转矩测量装置在市场上有售,在此不对这些仪器的测试方法进行说明。

2. 静态转矩特性测量

(1) 转矩表:将步进电机固定。如图 6.3 所示,读取转矩表的读数和角度测量仪的读数,依据角度及转矩绘制距角特性曲线,如图 6.1 所示。如不测量角度,只能测出最大静态转矩 T_M。

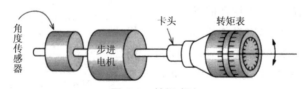

图 6.3 转矩表法

（2）滑轮重量法：如图6.4所示，用滑轮和重物代替图6.3的转矩表。依次改变重物W的重量，利用电位计或编码器测量角度，也能得到与转矩表相同的转矩曲线。

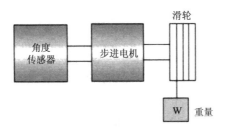

图6.4 滑轮重量法

（3）应力计和编码器：前述的两种方法转矩值需要人工读取，测量费时间，且无法自动得出转矩曲线。相对的，如图6.5所示，应变计式转矩计与光学式两轴编码器直接与步进电机连接，利用转矩计、编码器和 X-Y 记录仪，能连续测量静态转矩特性。

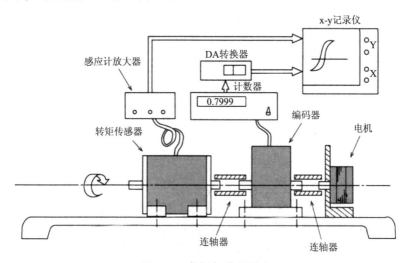

图6.5 感应计、编码器法

为了使电机旋转，须使用减速器降低电机转速，齿轮啮合引起的重量变化量很小，此时，须加上比转子惯量大十几倍的飞轮。在齿轮的负载方向要加上重量，以便使齿隙最小。

图 6.6 的曲线为图 6.5 的方法的试验曲线,调整被试电机的供电电压,测量静态转矩特性。被试电机的尺寸大小为 42mm,33 mm 长,两相 HB 型,1.8°,35Ω/相,转子惯量 15g • cm²。

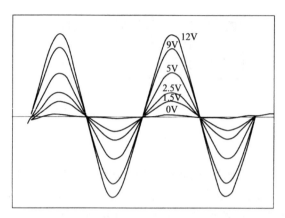

图 6.6　不同激磁电压下的静态转矩特性

测量时需要用基准重量来校正 Y 轴的转矩值,利用 X-Y 记录仪直接读取转矩值。

图 6.7 为改变激磁相,测量 1 相激磁和 2 相激磁的静态转矩特性。可以看出,1 相激磁和 2 相激磁产生的转矩大小和停止位置的不同,即相位差和转矩与图 6.2 所示的关系相同。

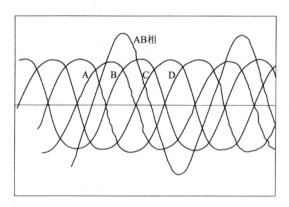

图 6.7　1 相激磁和 2 相激磁的静态转矩特性

3．定位(齿槽)转矩特性测量法

转子使用永久磁铁的步进电机,定子线圈没有通电流时,转子如旋转也会产生转矩。此时,永久磁铁产生的转矩称为齿槽转矩或定位转矩。此转矩用感应计和编码器方法测量,但齿槽转矩只有静态转矩的 10%,所以要改变转矩计的测量范围。为得到准确的测量数据,步进电机、编码器、转矩传感器的同轴度要好,考虑使用可拆卸的连轴器,要注意不要产生摩擦转矩。

图 6.6 和图 6.7 为被试步进电机的静态转矩特性,由于其齿槽转矩过小,静态转矩与齿槽转矩如同时表示,则齿槽转矩对 θ、τ 的影响很不明显。图 6.8 所示的步进电机静态转矩特性中绘出的齿槽转矩比实际齿槽转矩要大。实际上,被试步进电机规格选用两相 HB 型,3.6°步距角,4 主极的步进电机,其齿槽转矩为静态转矩的 4 倍频率,额定电压为 12V 时的距角特性受到齿槽转矩的影响,发生畸变;当输入电压降低到 5V 时,由于齿槽转矩波形不变,静态转矩特性的畸变更厉害。因此,由 12V 到 5V 节能状态运行,依据负载情况,应注意控制位置误差。

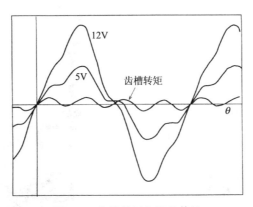

图 6.8　齿槽转矩与距角特性

6.2　动态特性的测量法

下面介绍速度-动态转矩(dynamic torque)特性的测量法。步进电机的动态转矩有最大失步转矩与起动转矩。这两种转矩随驱动频率的增加而下降,原因是由于线圈的电抗增加,电流减少造成的。在低速运行时,其运行在振动带区域,转矩会突然下降,此为转子的自然振动频率与驱动频率共振产生的现象;或者,在转子转动方向突然发生改变瞬间,同时接收到驱动指令脉冲,也会产生此现象。这些现象均需要正确测量电磁转矩。本节介绍3种测量转矩的方法及其测量原理。

1. 滑轮平衡法

此测定电机转矩的方法与普罗尼制动(prony brake)原理相同。滑轮用线绕几圈,线一端挂弹簧秤,滑轮与线之间产生滑动摩擦测量转矩。图 6.9 表示滑轮平衡法。

根据图 6.9,转矩 T 变成下式

$$T=(F-f)(r+a)=Fr+Fa-fr-fa \tag{6.5}$$

式中,f 为线的张力,F 为弹簧力,a 为线的半径,r 为滑轮的半径。

测量时,如 $f/F=0.01$,$a/r=0.01$,则式(6.5)变成式(6.6)。

$$T=Fr(1-10^{-4})\approx Fr \tag{6.6}$$

即式(6.5)中的 f、a 被忽略。

此种方式的动态转矩计,采用营原研究所的挂线(普罗尼制动)方式,电脑画面会显示转矩曲线。其挂线的形式如图 6.10 所示。

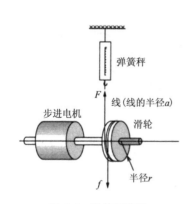

图 6.9 滑轮平衡法

**图 6.10 挂线(普罗尼制动)方式
转矩计(营原研究所提供)**

2. 磁滞制动法

因磁滞制动由低速到高速有稳定的制动力关系,转矩计使用很多,其原理为磁场中的磁滞力将对运行中的被测电机施加制动力制动。此时,反作用转矩会作用到磁滞转子的定子上,此时用测力器(load cell)测出。制动力用产生磁场的线圈电流能任意设定。但磁滞转子的惯量大是其缺点,输出转矩为 100 mN·m 以下的小型步进电机普遍采用此方法。

3.利用扭力棒转矩测量法

利用棒的扭力角与转矩成比例的方法。扭力棒用 2 组刻度圆盘夹住,转矩加在棒上时,产生的扭力角度 θ,用光学方法测量,再由下式计算转矩 T:

$$\theta = 32LT/(\pi GD^4) \tag{6.7}$$

式中,D 为扭力棒直径,G 为系数。图 6.11 表示其使用原理图。

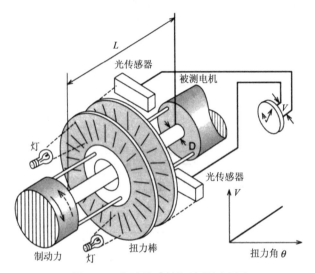

图 6.11　扭力棒式转矩计的原理图

此种试验方法的优点是低惯量、高精度测量。此测力器(应变计)方式要求高灵敏度放大器,以便免应变计的再调整,以应对转矩信号范围大的缘故。缺点是容易产生扭力振动等问题。

6.3　步距角度精度的测量

1.角度测量法

步进电机用作位置定位控制时,前述的静态转矩特性为最重要的特性。步进电机的角度精度,能用高分辨率的编码器通过连轴器(使转动时不会发生旋转位移现象)直接连接,角度作为数字,读入计数器,用计算机进行计算。结果通过打印机或 X-Y 绘图仪等设备输出,作为电机的评价资料。

图 6.12 为功能框图,图 6.13 为步进电机安装编码器的图。

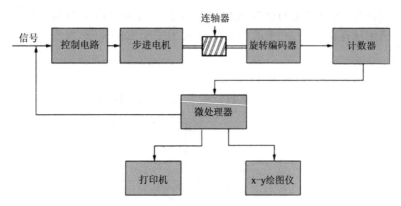

图 6.12　步距角测量功能框图

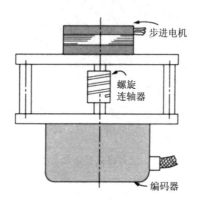

图 6.13　步进电机安装编码器图

2. 步距角精度测量法

(1) 位置精度:转子的任意点作为出发点,由此每一步测量一次,电机连续旋转一圈,求转子的实际位置与理论位置的差。用正最大值与负最大值范围表示的误差,称为位置误差(position),用基本步距角的百分率(%)来表示。表 6.1 表示静止角度误差,图 6.14 表示误差与位置精度。

表 6.1 静止角度误差

理论值	编码器输出(实测值)	误 差
θ_1	θ'_1	$\theta'_1 - \theta_1 = \Delta\theta_1$
θ_2	θ'_2	$\theta'_2 - \theta_2 = \Delta\theta_2$
θ_{3_m}	θ'_{3_m}	$\theta'_3 - \theta_3 = \Delta\theta_3$
⋮	⋮	⋮
θ_m	θ'_m	$\theta'_m - \theta_m = \Delta\theta_m$
⋮	⋮	⋮

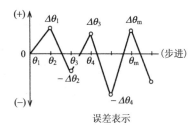

误差表示

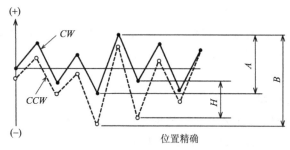

A：一方向的位置精度

B：含正反两方向的位置精度

H：滞环

位置精确

图 6.14 误差的表示与位置精度

图 6.14 中,若正的最大误差为 $\Delta\theta_1$,负的最大误差为 $\Delta\theta_4$,则位置精度 PA 由下式表示

$$PA = \pm[(|\Delta\theta_1| + |\Delta\theta_4|)/2\theta_S] \times 100\% \qquad (6.8)$$

(2)步距角精度:转子从任意一点出发,连续运行时,求出各步进角度的实测角度与理论上的步进角度之差,用理论步距角的百分率(%)表示,称为步距角精度,以 1 圈中的(+)侧与(−)侧的最大值表示。

步距角误差 $\Delta\theta'_m = \theta'_m - \theta'_{m-1}$

$$= (\theta_m + \Delta\theta_m) - (\theta_{m-1} + \Delta\theta_{m-1})$$

$$= (\theta_m - \theta_{m-1}) + (\Delta\theta_m - \Delta\theta_{m-1}) \qquad (6.9)$$

式(6.9)可由表 6.2 表示。

表 6.2　步距角度及其误差

编码器输出	理论值	实测值
θ'_1	$\theta_1 - \theta_0 = \theta$	$\theta'_1 - \theta'_0 = (\theta_1 - \theta_0) + \Delta\theta_1 - \Delta\theta_0$
θ'_2	$\theta_2 - \theta_1 = \theta$	$\theta'_2 - \theta'_1 = (\theta_2 - \theta_1) + \Delta\theta_2 - \Delta\theta_1$
θ'_{3m}	$\theta_3 - \theta_2 = \theta$	$\theta'_3 - \theta'_2 = (\theta_3 - \theta_2) + \Delta\theta_3 - \Delta\theta_2$
⋮	⋮	⋮
θ'_m	$\theta_m - \theta_{m-1} = \theta$	$\theta'_m - \theta'_m = (\theta_m - \theta_{m-1}) + \Delta\theta_m - \Delta\theta_{m-1}$
⋮	⋮	⋮

即式(6.9)的第一项为步距角理论值,$(\theta_m - \theta_{m-1}) = \theta_S$。第二项为静止角度(位置)误差的相邻误差,变成步距角误差。步距角误差取(+)或(−)值,(+)或(−)的最大值与步距角之比的百分数(%)称为步距角精度。表 6.1 的步距角精度 SA 用下式描述

$$(+)SA = +(\Delta\theta_3 + \Delta\theta_2)/\theta_S \times 100$$

$$(-)SA = -(\Delta\theta_n + \Delta\theta_3)/\theta_S \times 100 \qquad (6.10)$$

(3) 滞环误差:转子由任意点正转 1 圈后,再反向旋转一圈返回原点,各测量位置的偏差角中取最大值,称为滞环误差。图 6.14 中的 H 即为滞环误差。

3. 实际的角度精度

图 6.15 表示两相 HB 型 1.8°步进电机的 2 相激磁角度精度。有每 4 步进精度的描述,即各相位置定位如图 6.16 所示。

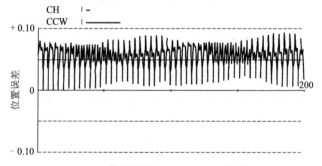

图 6.15　角度精度(两相,1.8°,2 相激磁)

图 6.15 的角度误差有 4 步进的周期性,其是由步进电机绕组相间磁阻偏差大所造成的。分别取出 4 组来看,如图 6.16 所示。并非全步进位置决定定位,如果容许分辨率低,采用每隔 4 步进的位置定位,位置精度改善 1/4。每隔 2 步进精度会提高,这也是位置精度改善的对策。

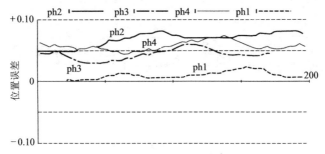

图 6.16 相同激磁下不同相分别的角度精度

6.4 暂态(阻尼)特性的测量

步进电机的转子作 1 步距角步进,则其转子会产生振荡而后慢慢衰减至停止,取纵轴表示角度,横轴作为时间,转子慢慢衰减至停止,称为暂态(阻尼)特性。此种测量方法采用图 6.17 的试验结构。

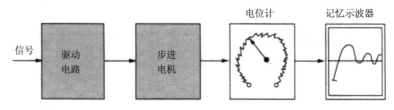

图 6.17 步进电机的暂态特性测量法

驱动电路确定激磁方式,步进电机 1 步进驱动。此时,步进电机安装了电位计,其输出波形用记忆示波器画出,此方法能测量暂态特性。用此方法可以测量激磁相通电状态、角度振荡变化、转子定位的超调量和转子定位位置及位置的稳定时间等,由于其结构简单,所以被大量使用。用此方法测定两相 HB 型 1.8°步进电机的 2 相激磁与 1-2 相激磁的暂态特性,如图 6.18 所示。与 1-2 相激磁相比,2 相激磁稳定性好,1 相激磁的情形超调量大,阻尼与 2 相激磁情况比较,有很大的不同。

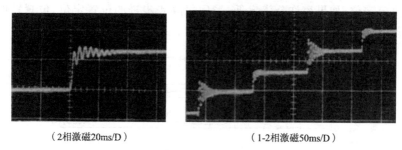

（2相激磁20ms/D）　　　　　　　　（1-2相激磁50ms/D）

图 6.18　暂态特性

1-2 相驱动状态下,为了能最佳状态达到稳定位置,激磁方式以 2 相为宜。

测量暂态特性,纵轴的角度精度要更精确的获取,电位计用编码器来代替,其稳定波形可以用打印机输出。图 6.19 为此测量方法的稳定波形,有两次衰减振荡即到达停止角度的 ±5％ 内,即到 1.8°±5％ 读取稳定时间(setting time)。

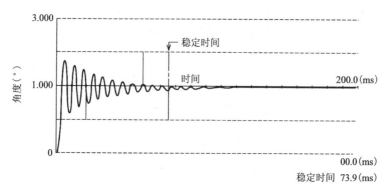

图 6.19　暂态响应与温度时间

跟电位计法比较,编码器法因编码器惯量大的关系,需要注意稳定时间的绝对值不同。

一般阻尼特性如第 5 章的式(5.17)所示,J、D 与电机产生转矩 $K\theta$ 时,$(D/\sqrt{JK})$ 大而得到改善,衰减振动的角速度近似 $(\sqrt{K}/\sqrt{J})$。

6.5 噪音和振动的测量

1. 噪音的测定

有关噪音测量的规格如下所示,步进电机的测试情况,按这些规格来实施:

JIS C 1502-1977　　普通噪音计

JIS Z 8731-1966　　噪音标准测量法

测量时选用 JIS C 1502(普通噪音计)中所适用的噪音计,频率校正为 A 特性。测量场所其背景噪音以及周围的反射音应尽可能小,而且其变化影响小的场所。电机利用线悬挂或在弹性体上实施测量。

2. 振动的测量

振动的测量不同于噪音测量所示的规格,振动测量方法及振动计有很多种。振动传感器包括位移计、速度针、加速度计等,其中与速度成比例的电动型以及与加速度成比例的压电型振动传感器较常使用。振动测量时,必须注意传感器的指向性与被测物的振动方向。安装振动传感器时,必须注意使振动不影响到自身。图 6.20 表示步进电机的振动测量功能框图和测量举例。

图 6.20 的测量举例,纵轴取振动加速度,横轴取作驱动频率,连续自动扫频测量。相对应的,图 6.21 为 2 相 HB 型步进电机的三维振动图形。

亦即,步进电机的驱动脉冲波连续自动扫频,每次记录频率分析的结果用三维表示。Y(倾斜)轴表示步进电机脉冲频率,X(横)轴表示振动频率,Z(纵)轴表示振动加速度。由此可以看出,何处的驱动脉冲,频率多少时,会产生的振动大小,一目了然,易于分析振动结果。

根据图 6.21,从振动大的地方看到,驱动脉冲的基波频率造成振动成分最大,且出现的振动点为其偶次谐波,180 pps 附近的振动为振动加速度与转子及其负载系统的自然频率的共振。

HB 型步进电机转子及定子有多齿数的关系,激磁磁通含有很多的空间高次谐波,同时激磁电流也含有高次谐波,激磁磁通与电流之积所产生的电磁转矩也会包含转矩波动,引起径向振动。故图 6.21所示步进电机的振动主要是前者,而噪音或定子的径向振动的原因主要是后者。

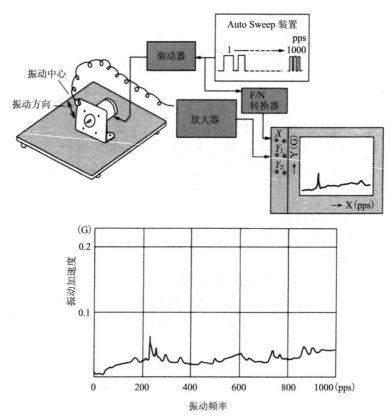

图 6.20　步进电机的振动测量方框图和测量举例

3. 速度变化的测量

步进电机的使用大致分为位置控制和速度控制。而速度控制的速度范围可由低速到高速变速控制或恒速度使用,但均存在速度变化问题。图 6.22 表示速度变化率的定义。

现在,步进电机的平均速度以 ω_m 表示,其速度变化由零至最大值,如以 $\Delta\omega_m$ 转动,速度变化率 VF 用下式来定义

$$VF = \frac{\pm\Delta\omega_m}{\omega_m} \tag{6.11}$$

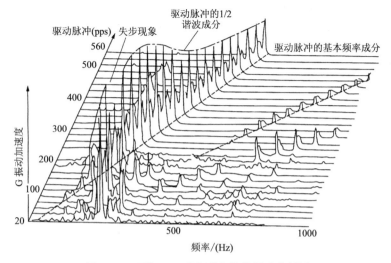

图 6.21 两相 HB 型步进电机的振动分析图

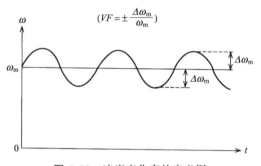

图 6.22 速度变化率的定义图

这是速度变化率的测量,按实际的负载惯量用等效惯量或摩擦转矩等测量,以接近实际使用值。特别是惯量大时,速度变化率(也称为速度失效或抖动、摆动等)也大。因此必须注意步进电机的速度运行范围,速度愈快,速度变化率愈小。

此种测量方法大致分为使用编码器的方法和激光测量方法。使用编码器时,应注意编码器与步进电机的联轴器的轴中心要同心,还要考虑编码器惯量的影响。速度变化率的计算,首先要对编码器单位时间的脉冲数逐一计数,然后再计算速度变化率。而使用激光测量方法,要在步进电机上安装圆盘,该圆盘反射激光束,将光反射回去,速度变化用多普勒效应计算,此设备在市面有售。此处如非特别要求使用编码器测量,最好使用激光测量仪。

第7章 步进电机的选择方法

本章之前为基础篇,本章之后为应用篇。本章介绍在众多种类的步进电机中如何正确选择所需步进电机的种类。电机的选择方法如不正确,不能获得良好的使用效果。明确步进电机的使用条件,与选择适合该步进电机的驱动方式一样重要。

7.1 电机种类的选择

1. 由 PM 型、VR 型、HB 型来选定

步进电机按转子的构造大体分为:由板金爪极与圆筒线圈组成的定子和永磁铁氧体转子组成的 PM 型;转子不使用永久磁铁的 VR 型;转子由两个磁极中间加一个磁铁组成的 HB 型三种类型。其各自的特点如表7.1 所示。

表7.1 步进电机的种类与特点

要素 \ 种类	PM 型	HB 型	VR 型
步距角	7.5°～15°较多	1.8°较多	1.8°～15°
转 矩	小	大	中～大
时间常数	小～中	小	大
价 格	便 宜	高 价	高 价

选用步进电机时,要先选择步进电机的类型。此时,如表 7.1 所示,要考虑转矩、步距角、时间常数及价格 4 点,以此判断何种步进电机合适。

选用步进电机时,实际还要考虑位置控制精度、使用速度范围、负载传动方式(弹簧负载、摩擦负载、齿轮负载、皮带传动、螺旋传动)、噪音与振动、周围温度、使用环境(尘埃、油、湿度)等因素。

例如 PM 型轴承不像 HB 型使用滚珠轴承,而是用金属滑动轴承,如施加弹性负载时,采用皮带传递负载或利用滚珠丝杠进行转矩传动,金属滑动轴承的径向载荷或止推载荷的允许值出现故障的情况会很多,并且需要注意 PM 型的使用温度范围。VR 型步进电机作伺服电机使用时要

进行闭环控制,所以很少使用 VR 型步进电机。原因是其价格接近 HB 型步进电机,分辨率只有 HB 型的 1/2,并且不如永磁电机效率高,而且其暂态特性差。HB 型转矩大、分辨率高,多用于位置定位或低速运行,但易产生振动或噪声问题。

2. 步进电机的相数选择

选择步进电机时首先要考虑各种步进电机的优缺点,在这里先介绍不同相数的步进电机的优缺点:

1) 两相 PM 型步进电机

(1) 优点:

① 便宜。一般比同等大小的 HB 型步进电机的价格低 1/2。

② 跟 HB 型比较,气隙大,爪极构造,步距角度大,即同一转速情况下,相切换的次数少、噪音较低。

(2) 缺点:

① 因分辨率低(步距角 7.5°比较大)的关系,位置定位误差比 HB 型要差,特别是 1 相激磁时的角度精度会更差。半步距的位置精度一般不好,PM 型位置定位若非 2 相激磁,要达到满意的位置精度一般很难。低速范围(在 200rpm 以下)的转矩波动大。

② 因气隙大,爪极的根部容易产生磁饱和,从而造成输出转矩小。

③ 轴承采用金属滑动轴承,寿命短。

④ 转子一般使用铁氧体磁极,温度特性不好,如长期使用,转矩下降比 HB 型要大。

2) 两相 HB 型步进电机

(1) 优点:

① 分辨率高(一般步距角 1.8°的较多)而被广泛使用。

② 转矩大。

③ 与多相 HB 型步进电机比较,驱动功率管用量多,但价格便宜。

(2) 缺点:

① 特别低速时振动大,60rpm 附近容易产生共振。

② 高速时的噪音大。

③ 跟多相 HB 型比较,半步进时的转矩波动大(1∶1.14)。

④ 相同步距角的步进电机与多相电机比较,线圈阻抗大,高速时转矩小。

3）三相 HB 型步进电机：

（1）优点：

① 分辨率是两相电机的 1.5 倍，能进行高精度位置定位。

② 定子的主极数为 6，交链磁通大，而且两相激磁时的转矩合成效率比两相电机好，转矩较高。

③ 能 Y 接线或△接线，3 端子 6 个功率管，比两相电机 8 个功率管少。

④ 因三相结构的关系，激磁电流的三次谐波被抵消，振动和噪音比两相电机小。

⑤ 齿槽转矩由两相电机的 4 次谐波变为三相电机的 6 次谐波，齿槽转矩比两相电机小。

（2）缺点：

• 若为 12 主极，则比两相电机的 8 主极结构要复杂。

4）五相 HB 型步进电机

（1）优点：

① 分辨率比三相电机高，适合高精度要求的用途。

② 在同等步距角的 HB 型步进电机中，高速区域运行时的转矩大。

（2）缺点：

• 电机定子的主极数有 10 极之多，驱动电路的功率管也有 10 个之多，电机及驱动器的结构复杂，成本高，用于 FA 场合比 OA 场合更适合。

5）三相 RM 型步进电机：

（1）优点：

① 转子没有磁性。

② 低振动、低噪音。

③ 细分步距时的位置定位精度高。

④ 高速旋转时，高速转矩大。

⑤ 与三相 HB 型电机相同，能 Y 驱动或△驱动，驱动电路的功率管为 6 个就可以。

（2）缺点：

① 分辨率比 HB 型低。

② 转子的费用比 HB 型高。

6) 三相 PM 型步进电机：

（1）优点：

① 分辨率为两相 PM 电机 1.5 倍多。

② 振动、噪音比两相 PM 电机或两相 HB 电机小。

③ 高速转矩比两相 PM 电机大。

④ 比 HB 型便宜。

⑤ 三相电机的驱动优点是只用 6 个功率管驱动。

（2）缺点：

· 比两相 PM 电机结构复杂。

要依据以上特点，正确选择合适用途的步进电机种类，最初正确的选择可避免因使用不当出现的麻烦。如希望正确选用电机种类，应该注意负载要求的输出转矩或步距角及最佳的驱动方式。

7.2　位置定位精度的选择

步进电机以位置定位控制为主要目的使用时，要提高位置定位精度，需要电机具有以下性能：

（1）高分辨率（步距角小）。

（2）矩角特性为正弦波，峰值大。

（3）齿槽转矩（cogging）小。

（4）动态转矩大，暂态特性良好。

同等性能的电机，要得到这些的特性，就要配合最佳的驱动方式。根据以上介绍，我们试着选择位置定位精度好的电机。

1. 高分辨率电机的选用

步进电机位置定位控制时，设步距角为 θ_s，脉冲波的总数为 n，步进电机的总步进量为 $n\theta_s$，最终步进的步进电机的位置误差为 $\triangle\theta$，则下式成立：

$$\theta_n = n\theta_s \pm \Delta\theta \tag{7.1}$$

此时，由于步进电机本体的结构，第 $(n-1)$ 步以内的误差不会累计计算，第 n 步的步进误差 $\Delta\theta$，变成总步进量 θ_n 的位置误差。故位置定位系统的精度 PA 用下式表示：

$$PA = \pm \Delta\theta / n\theta_S \tag{7.2}$$

下式成立：

$$\Delta\theta = K\theta_S \tag{7.3}$$

此处，K 可以根据步距角的大小多少变化，轻载时约为 0.05。依据式(7.3)，步距角愈小，位置定位精度 PA 愈好。要想提高位置定位精度，就要选择高分辨率的步进电机，使位置定位误差△θ 小。

2. 高分辨率的步进电机

此处考虑决定步距角的要素。式(2.1)如用弧度表示，则步进电机的步距角 θ_S 如下式表示：

$$\theta_S = \pi / PN_r \tag{7.4}$$

式中，θ_S 为机械角。

1) 多相步进电机

相数 P 多，步距角小、分辨率高、位置定位精度提高。但随相数的增加，驱动电路的功率管数量成比例增加，驱动电路变得复杂，成本提高，由于电机多相构造，制造工作量复杂程度增加，由此造成成本绩效的降低。如多相化，全步进时以及半步进时可获到转矩波动小、振动低等优点。相数如由两相增加到三相，驱动电路不会变复杂，且可获得多相电机的有利特性。

齿槽转矩太大时，其位置定位精度差，转动时振动或噪音大，一般的用途是希望此转矩小。故齿槽转矩的大小变成步进电机评估的一项指标。齿槽转矩稳定点的周期一般取与步距角相同的周期。图 7.1 表示同一大小、同一气隙的 HB 型步进电机的齿槽转矩比较。

由图可知，两相 1.8°与三相 1.2°使用同一个 50 齿转子时，三相电机的齿槽转矩值约降低 1/2。三相同一大小 100 齿的步进角度 0.6°的电机，其齿槽转矩约降低 1/4。此齿槽转矩的周期，理论上是两相步进电机静态转矩周期的 1/4 倍(4 次谐波)，三相电机为 1/6 倍(6 次谐波)。由式(7.4)可知，P 与 N_r 越多，越能降低齿槽转矩，提高位置定位精度。

步进细分数相同时，两相 HB 型与三相 HB 型的位置精度比较如图 7.2 所示，8 细分的两相 1.8°与三相 0.6°两者比较，三相 0.6°其位置误差比两相电机降低 22% 左右。

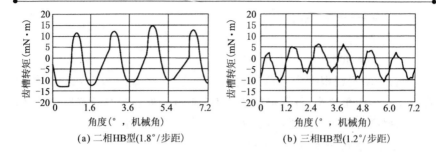

(a) 二相HB型(1.8°/步距)　　　(b) 三相HB型(1.2°/步距)

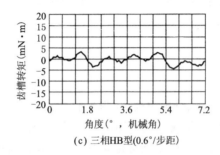

(c) 三相HB型(0.6°/步距)

图7.1　齿槽转矩的比较

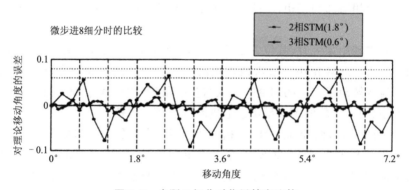

图7.2　步距8细分时位置精度比较

2) 齿数 N_r 多的电机

对位置定位非常重要的静态转矩特性的角度变化周期,并不会随电机相数的改变而改变,只依据转子齿数来决定。

齿数或极对数 N_r 越大,分辨率越高。负载转矩 T_L 加在步进电机上,由式(6.1)得知,其位置定位精度与位移角 θ_L 有下式关系:

$$T_{\mathrm{L}} = T_{\mathrm{M}} \sin\{(\theta_{\mathrm{L}}/\theta_{\mathrm{M}})\pi/2\} \tag{7.5}$$

式中，T_{M} 为最大静止转矩（也称为把持转矩）。由式（7.5）可知，此位移角决定步进电机的位置定位精度。决定步进电机的位置定位精度的位移角 θ_{L} 由下式表示：

$$\theta_{\mathrm{L}} = (2\theta_{\mathrm{M}}/\pi)arcsin(T_{\mathrm{L}}/T_{\mathrm{M}}); \tag{7.6}$$

另一方面 θ_{M} 用下式表示：

$$\theta_{\mathrm{M}} = \pi/2N_{\mathrm{r}} \tag{7.7}$$

由式（7.6）与式（7.7）变成下式：

$$\theta_{\mathrm{L}} = (1/N_{\mathrm{r}})arcsin(T_{\mathrm{L}}/T_{\mathrm{M}}) \tag{7.8}$$

即电机的静态转矩特性如为正弦波，则峰值转矩 T_{M} 很大，如选择齿数 N_{r} 大的步进电机，负载引起的位移角就小，从而提高位置定位精度。齿槽转矩小的电机静态转矩特性接近正弦波。

以 HB 型步进电机为例，转子齿数 N_{r} 有 50 齿或 100 齿。两相时，50 齿步距角 1.8°，100 齿变成 0.9°。三相电机的情况，50 齿 1.2°，100 齿 0.6°。图 7.3 示出三相 HB 型 1.2°与 0.6°的步进电机，在相同负载转矩 T_{L} 位置定位时的位移角情况。即 N_{r} 大的在 0.6°范围内形成静态转矩特性的斜率大（刚性强），亦即，对相同的负载引起的位移角变化量小。

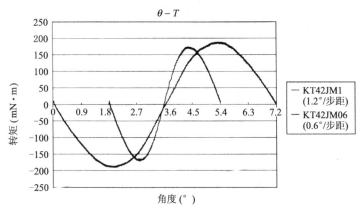

图 7.3 步距角不同时，负载转矩与位移角的关系

位置定位控制时，位置到达时间会出现问题，此时，动态转矩大，暂态特性良好，也成为步进电机的选择条件。动态转矩，特别是低速时的动态

转矩越大,在负载加速运行时可缩短位置定位时间。负载加速后,如到达接近目标位置,必须要尽快停止,因此,要考虑暂态特性。

7.3　从转速方面来选择

1. 步距角与转速

选用市面出售的产品,根据使用速度,选择步进电机工作在最佳状态很重要。步进电机速度分为:只在低速下使用、在 2000rpm 以上的高速使用和由低速到高速宽范围使用三种速度状态,步进电机的选择会因此而有所不同。

步进电机高速运行时,因线圈电感的影响,会限制线圈电流的流入。设 1 相的线圈电抗为 X,驱动电流的频率角速度为 ω(电气角),其同步转动的转子机械角速度为 ω_m,则在高速运行时,线圈电阻 $R \ll X$,1 相绕组的阻抗 Z 变成下式:

$$Z \approx \omega L = N_r \omega_m L \tag{7.9}$$

转子以转速 ω_m 转动时,阻抗 Z 要求转子齿数 N_r 越小越好,这样电流易于流入。另外定子为恒流驱动,如果转速太高,也无法达到恒流控制,会变成恒压驱动,高速运动时,此状态驱动的情况较多。在此状态下,外加电压为 V 时,若反电动势为 E,则由下式来定其电流 I:

$$\dot{I} = (\dot{V} - \dot{E})/Z \tag{7.10}$$

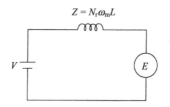

$$Z = N_r \omega_m L$$

图 7.4　高速转动时的等效电路

高速转动 N_r 小的电机电流 I 大。步距角用式(7.4)来决定,齿数 N_r 小,则步进电机的步距角大。高速运行时,选择步距角度大的步进电机。相反,低速驱动以步距角小的电机较合适。

低速运行容易产生振动或共振,为避免或减小振动,电机的步距角要小,而且两相电机不如三相电机好。更进一步分析,全步进不如半步进、细分步进的好。并且,转子齿数多的电机,低速时的转矩大。低速使用时,尽可能使用直接驱动,而不要使用减速器这是因为步距角小的步进电机低速时输出高转矩的速度-转矩特性下降斜率大,适合低速运行。

图 7.5 表示同一台电机不同步距角时,速度-转矩特性曲线不同。例如在 2000rpm 使用 1.2°比 500rpm 使用 0.6°的转矩小。

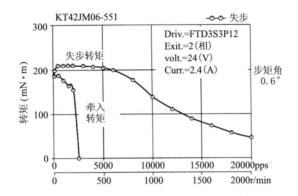

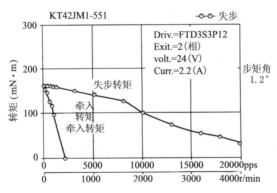

图 7.5 步距角与速度-转矩特性的比较

2. 电机的种类与转速

相同步距角的电机根据其结构,有适合低速和适合高速之分。例如三相 RM 型步进电机(电机大小 42mm 方形,40mm 长,步距角 3.75°)的速度-转矩特性如图 7.6 所示。由低速到高速 4000rpm 速度变化不大，形成平坦的曲线。

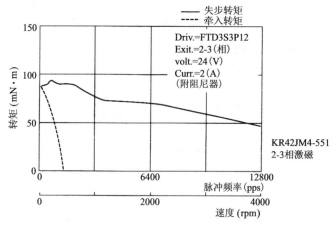

图 7.6　三相 RM 型的速度-转矩特性

　　此种步进电机可在中速到高速下运行，而且低速转矩不大，不会产生共振现象。大多数低速输出大转矩的电机均使用直接驱动方式，而此种低速小转矩的电机不能直接驱动。此种低速的情况用 HB 型较适合。

7.4　由转速变化率来选择

　　从转速变化率来看，步进电机以 ω_m 平均速度旋转。步进电机由于是同步电机，转速与角速度一致，实际旋转一圈，视 ω_m 为平均速度，其速度变化为 0-峰值以 $\triangle\omega_\mathrm{m}$ 转动。此时的转动变化率 VF 如图 6.22 所示，变成下式：

$$VF = \pm\Delta\,\omega_\mathrm{m}/\omega_\mathrm{m} \tag{7.11}$$

　　根据式(7.11)，转速 ω_m 越大（即转速快时），VF 越小。但电机工作时，人的视觉识别速度变化范围只能在低速 200 rpm 以下。式(7.11)的 $\triangle\omega_\mathrm{m}$ 为分辨率，步距角愈小的步进电机其值愈小。对相同步距角的电机，三相电机比两相电机要小，HB 型电机比 RM 型电机要小。因此，应该选择转速变化率小的步进电机。

当负载惯量大,飞轮效应为 1/10 时,VF 将得到很大改善。驱动方式必然会影响转速变化率。全步进驱动不如半步进驱动,甚至细分步进驱动时转速变化的降低效果好。当然,为使转速变化率减小,采用闭环控制较为理想,但编码器等组成的测量回路会提高成本。

以剧场舞台为例,当光源用步进电机驱动时,如转速变化大时,光在舞台上的移动速度就不均匀,就可以用眼睛观察到转速的变化。

图 7.7 表示的是照明驱动装置使用步进电机,纵轴为位置,横轴为时间,使用两相 HB 型 1.8° 与三相 HB 型 0.6° 的步进电机进行比较,激光源用 20rpm 驱动时的激光束轨迹。两者皆 8 细分微步驱动。这些轨迹右上的斜度越接近直线,转速变化越小。三相 HB 型 0.6° 变成直线,两相 1.8° 依然阶梯状畸变移动。这些用眼睛就能区分出来。

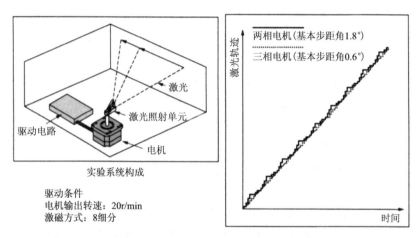

图 7.7 利用激光轨迹测量转速的变化

7.5 依据使用环境来选择

步进电机的使用受到工作场地的温度和湿度限制,其使用场所不仅限于屋内。OA 机器一般用于屋内环境良好的场所,步进电机使用环境处于密封状态;但应用于汽车和 FA 机器时,也会处于多尘埃的环境;或置于屋外的机器(监视器等);或在高温的环境下使用。步进电机生产厂家的标准机种在样本上都有说明。如要特殊订货应与厂家商洽。

1. 环境温度

步进电机的绝缘等极 E 级电机比较多。E 级使用环境温度为 50℃，电机的温升在 70℃ 以下，线圈温度应不超过 120℃。步进电机实际安装时，通常安装在金属底板或外壁上。此时安装步进电机的金属箱可以起到散热片的功能，温度上升比电机单独测量时要小。

控制温度的措施是加外部冷却风扇或使电机停止或减速降功率运行。电机在高温运行时，线圈的绝缘等级以 B 级、F 级或 H 级为好。此时，不只是绝缘等级的提高，轴承的润滑脂或永久磁铁等也要采取耐高温措施。

2. 湿　度

决定温度与湿度，通常以不结露为前提。此时主要考虑铁心和永久磁铁的生锈、腐蚀等问题。特别是 HB 型步进电机在高温多湿条件下，定子与转子间的气隙处绝对不能出现生锈现象。改善使用环境，使其不要超过生产厂规定的环境要求。如有特殊要求应与厂商协商。

3. 防尘型

防尘型主要在导电、轴承等地方，使其不要受到尘埃的侵入，大都用橡胶或树脂等保护线圈部分、引出线部分、轴承部分等。此时应与厂家协商。

7.6 选择电机的计算方法

依据电机在一定驱动速度的条件下，其所带的负载转矩、负载惯量（转动惯量）和必需的加速转矩，来计算所选择步进电机的输出转矩。

1. 负载惯量所需的加速转矩和摩擦转矩

负载转矩 T_L 时，欲驱动其到 f_2 的转速，则先在低速 f_1 起动电机，然后加速到 f_2。此时，负载包含有转子的转动惯量 J，因此要使其加速，就必须要施加加速转矩 T_a，则 $(T_L + T_a)$ 为步进电机欲加速运行到 f_2 转速所需的转矩。此加速转矩即为式 (7.12) 的第一项

$$J \mathrm{d}^2\theta/\mathrm{d}t_2 + D\mathrm{d}\theta/\mathrm{d}t + T_L = T_M \tag{7.12}$$

上式的 D 为比例速度的系数，第二项比其他的项小可忽略不计。T_M 为电机产生的转矩，$(T_M - T_L)$ 为产生加速度的转矩。令加速到转子角速度 ω_2 时（参见图 5.25），驱动脉冲到达 f_2（pps），然后恒速运行，再进行减

速运行,达到转子角速度 ω_1,驱动频率返回到 f_1(pps),最后停止。此时的速度曲线称为梯形驱动(参见图 5.25)。

此时的梯形面积相当于总步数,即电机轴在横轴的时间内转动的步数,负载到达定位位置。设加速时间为 t_a,步距角为 θ_S,则加速转矩用下式表示:

$$T_a = J(\omega_2 - \omega_1)/t_a \tag{7.13}$$

$$T_a = J[\pi\theta_S/180(f_2 - f_1)]/t_a \tag{7.14}$$

步进电机的失步转矩为该步进电机所能输出的最大转矩。选择步进电机,转矩的安全系数 SF 选择 $1.3 \sim 2$,下式决定所需的转矩:

$$T = SF(T_a + T_L) \tag{7.15}$$

2. 计算题

【例题 1】 求负载惯量为 $2\text{kg} \cdot \text{cm}^2$,$\omega_1 = 0$,$\omega_2 = 157\text{rad/s}$(相当于 25rps),$T_L = 0$,$t_a = 0.1\text{s}$ 时的加速所需的转矩。

解 $J = 2(\text{kg} \cdot \text{cm}^2) = 2 \times 10^{-4}(\text{kg} \cdot \text{m}^2)$

根据式(7.13)

$$T = 2 \times 10^{-4} \times (157 - 0)/0.1 = 0.314 (\text{N} \cdot \text{m}) \tag{7.16}$$

转矩的单位为 $\text{kgf} \cdot \text{cm}$,$1\text{kgf} = 9.8\text{N}$,用下式来计算:

$$T = 0.314 \times 100/9.8 = 0.314 \times 10.2 = 3.20\text{kg} \cdot \text{cm} \tag{7.17}$$

【例题 2】 使用步距角 $1.8°$ 的 HB 型步进电机,电机轴的转动惯量为 $2\text{kg} \cdot \text{cm}^2$,摩擦转矩为 $0.3\text{kgf} \cdot \text{cm}^2$,求用 40ms 由停止状态加速到 1600pps 所需的转矩是多少? 转子惯量为 $0.5\ \text{kg} \cdot \text{cm}^2$。

解 $J = 2 + 0.5 = 2.5\ (\text{kg} \cdot \text{cm}^2) = 2.5 \times 10^{-4}\ (\text{kg} \cdot \text{m}^2)$

$\theta_S = 1.8°$

$(f_2 - f_2) = 1600(\text{pps})$

$t_a = 0.04(\text{s})$

使用式(7.14)得下式:

$$T_a = 2.5 \times 10^{-4} \times (\pi/180) \times 1.8 \times 1600/0.04$$
$$= 0.314(\text{N} \cdot \text{m}) \tag{7.18}$$

$$T_L = 0.3(\text{kgf} \cdot \text{cm}) = 0.3 \times 9.8 \times 10^{-2} = 0.0294(\text{N} \cdot \text{m})$$

故

$$T = 0.343(\text{N} \cdot \text{m})$$

根据式(7.15),如 $SF = 1.5$,则 $T = 0.515\text{N} \cdot \text{m}$,选用此种转矩的步

进电机在 1600pps 则可以达到要求。

【**例题 3**】　如图 7.8 所示,步进电机输出轴直接连接皮带轮通过皮带驱动滚筒。此时,滑轮直径为 3cm,其重量为 0.01kg,转子的惯量为 0.023kg・cm²,皮带重量为 0.04kg,滚筒直径为 6cm,滚筒重量为 0.15kg,转子轴的摩擦转矩为 0.03kgf・cm。试选择滚筒由停止开始用 0.1s 时间能加速到 300rpm 转速的步进电机(步距角 1.8°)。

解　(1) 换算电机轴的负载惯量 J:

① 滚筒的惯量为

$$J = (WD^2/8)G^2 \qquad (7.19)$$

式中,W 为重量,D 为直径,G 为减速比(皮带轮直径/滚轮直径)。

② 直线运动的情况:

$$J = (W/4)(D_p)^2 \qquad (7.20)$$

式中,W 为重量,D_p 为皮带轮直径。

因此

$$J_1 = 皮带轮的惯量 + 转子惯量$$
$$= (1/8) \times 0.01 \times 3^2 + 0.023$$
$$= 0.034 (kg \cdot cm^2)$$

滚筒惯量为

$$J_2 = (1/8) \times 0.15 \times 6^2 \times (3/6)^2 = 0.169 (kg \cdot cm^2)$$

皮带的惯量为

$$J_3 = (1/4) \times 0.04 \times 3^2 = 0.09 (kg \cdot cm^2)$$

折算至电机轴的总惯量为

$$J = J_1 + J_2 + J_3 = 0.293 (kg \cdot cm^2)$$
$$= 2.93 \times 10^{-5} (kg \cdot cm^2)$$

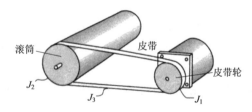

图 7.8　用于驱动滚筒的步进电机

（2）电机的转速：

电机的转速为

$$300×（60/30）＝600（rpm）$$

此时的驱动脉冲频率 f_2 为

$$6×600/1.8 ＝ 2000（pps）$$

故,使用式（7.14）求出加速转矩,如加上负载转矩,所需的转矩为：

$$T ＝2.93×10^{-5}×（1.8\pi/180）（2000－0）/0.1＋0.0029$$
$$＝0.0184＋0.0029$$
$$＝0.0213（N \cdot m）＝21.3（mN \cdot m） \tag{7.21}$$

若 $SF＝1.5$,则 $T＝32mN \cdot m（0.327kgf \cdot cm）$,选用此种转矩的步
电机在 2000pps 即可满足要求。

【例题 4】 图 7.9 所示的步进电机用齿轮减速,驱动滚筒时,作如图
所示的三角形加减速。此时滚筒直径为 24cm,滚筒重量为 1.2kg,摩擦
转矩为 0.3N \cdot m,齿轮比为 1/3,齿轮 1 的节距直径为 3cm（重量
0.05kg）,齿轮 2 的节距直径为 9cm（重量 0.15kg）,齿轮传动效率为
90％,1.8°步进电机（转子惯量 0.5kg \cdot cm²）用时 0.5s。试求步进电机移
动 1000 步,电机轴所需输出的转矩（加速度为图 7.9 所示的直线）。

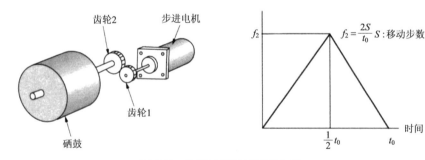

图 7.9 负载减速与加减速曲线

解 （1）计算换算到电机轴的总负载惯量 J：

$$J_1＝0.05×3^2/8＝0.056（kg \cdot cm^2）$$
$$J_2＝0.15×9^2/8＝1.52（kg \cdot cm^2）$$
$$J_3＝1.2×24^2/8＝86.4（kg \cdot cm^2）$$

J_M 为电机转子的惯量,则

$$J = J_1 + J_M + (1/3)^2(J_2 + J_3)$$
$$= 0.056 + 0.5 + (1/3)^2(86.4 + 1.52)$$
$$= 10.32(\mathrm{kg \cdot cm^2})\qquad\qquad(7.22)$$
$$f_2 = 2S/t_a = 1000 \times 2/0.5 = 4000(\mathrm{pps})$$
$$T_a = 10.32 \times 10^{-4} \times (\pi/180) \times 1.8 \times 4000/0.25$$
$$= 0.518(\mathrm{N \cdot m})\qquad\qquad(7.23)$$

换算转子轴的摩擦转矩为

$$T_f = (1/3)(0.3/0.9) = 0.111(\mathrm{N \cdot m})$$

电机所需的转矩为

$$T = T_a + T_f = 0.518 + 0.111 = 0.629(\mathrm{N \cdot m})$$

本系统采用步进电机驱动，4000pps 时输出转矩应为 0.629N·m（6.418kgf·cm）以上。

第8章 步进电机的使用方法与问题解决方案

本章列举出步进电机实际应用时遇到的问题,并给出解决方案。

8.1 增加动态转矩的解决方法

下面从速度-转矩特性考虑要增加动态转矩的解决方法。增加转矩时,根据速度的高低,其解决方法各不相同。而解决方法既有电机方面的,又有驱动电路方面的。

1. 步进电机在低速时增加转矩的方法

1) 选择步距角小的步进电机

在低速时转矩随转子齿数增加而变大。选择步距角小的步进电机能获得高转矩。实际上 HB 型转子齿数如为 50 齿,永久磁铁的漏磁将增加,但不会成比例,此结论在 100 齿以下均有效。三相 HB 型步进电机从 $1.2°$(转子 50 齿)改为 $0.6°$(转子 100 齿),约增加 1.4 至 1.8 倍的低速转矩。

2) 双极型接线

效率能改善 2 倍。市场上很容易买到两相单极型或双极型步进电机,但双极型的驱动功率管比单极型的多。

2. 步进电机在高速时增加转矩的方法

1) 降低匝数,使 L 减小

在电机厂商的标准产品中选择电感 L 小的,额定电流会变大。

图 8.1 为保持低速时输入相同,改变绕组匝数的两相 HB 型步进电机的速度-转矩特性的比较。在高速时,额定电流越大(安匝数相同,匝数少),电机转矩越大(电机为两相、HB 型、$1.8°$、56mm、长 54mm)。

2) 永久磁铁的磁通要小

如生产厂家无法减小永久磁铁,可以增加气隙,使高速时降低反电势,增加电流,使转矩增大,使速度-转矩特性从低速到高速变成一条直线,提高高速时的转矩,同时响应频率也增加。

3）选择步距角大的电机

使高速时的转矩得到有效的提高，请参考图 7.4 的原理，以及图 7.5 中步距角 0.6°和 1.2°的转矩曲线。

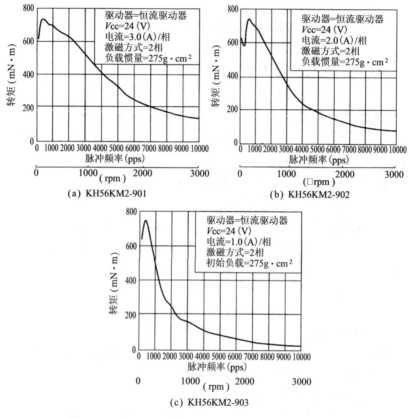

(a) KH56KM2-901

(b) KH56KM2-902

(c) KH56KM2-903

图 8.1　两相 HB 型步进电机改变匝数的速度-转矩特性

3. 步进电机高速运行时，在驱动电路方面提高转矩的方法

1）提高驱动电路的电压

要维持高速时的大转矩，就要保持电流不变，使斩波器工作在恒电流状态。要使电流恒定，只能提高脉冲频率。当步进电机输出转速到达一定高的速度时，由于电压限制，只能工作在恒电压状态，如果提高输入电压，则可以使其在高速时依然能工作在恒电流状态，从而提高高速时的转矩。

2）降低驱动电路关断时的电流

线圈内的电流在功率管关断时，由于电流变化率大，线圈内会产生非常大的感应电压，功率管会有被击穿的危险，通常会有保护电路，其构成如图 8.2 所示。图中①为续流二极管结构，功率管关断时，线圈产生的反电势通过续流二极管和线圈组成的闭合回路形成释放电流通路，此电流在转子中产生的转矩与转向相反，为制动转矩，使动态转矩下降。相应的，③在二极管支路串入一个电阻，降低产生制动转矩的电流。

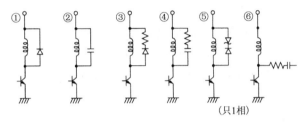

图 8.2 各种驱动电路的功率电路

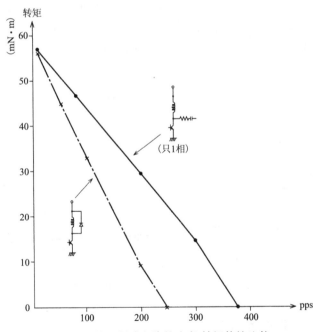

图 8.3 基于驱动电路的速度-转矩特性比较

图 8.3 为图 8.2 中①和⑥电路对同一步进电机驱动的速度-转矩特性。驱动电路⑥为 A 与 $\overline{A}$ 相续流电路加入电阻和电容,以减少释放电流的方法。电路①和⑥的速度-转矩特性有很大区别,从此看出,驱动电路的结构对步进电机的动态转矩的影响非常大。

8.2　降低振动噪音的解决方法

1. 与驱动电路有关的方法

步进电机的振动噪音由驱动电路引起的原因如下:

(1) 定子电流的高次谐波含量(细分时产生)。

(2) 相电流的不平衡,特别是非恒电流控制状态。

(3) 电源的波动。

(4) 激磁电流的波形。

其中(1)的高次谐波为主要原因。步进电机使用方波电流驱动,必然含有大量的高次谐波,由此产生振动和噪音。因此驱动电流最好为正弦波。接近正弦波的驱动方法有步进电机的细分步进驱动。图 8.4 为电机 1/4 细分、半步、整步驱动的振动比较,其振动为依次增加的。

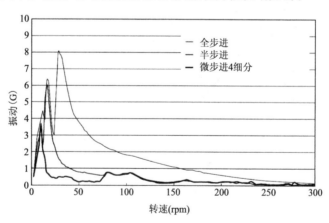

图 8.4　全、半、4 细分驱动的振动比较

2. 与电机有关的方法

步进电机的振动噪音由步进电机本体引起的原因如下:

(1) 激磁电源的高次谐波成分。

(2) 齿槽转矩。

(3) 径向吸引力引起的转子变形产生的振动噪音。

(4) 定子与端盖的刚性不够。

(5) 线圈及磁路的不平衡,及机械结构的不对称。

(6) 各部分配合松动。

(7) 线圈本身的位移。

(8) 转子偏心或动平衡不好。

(9) 轴承预紧力不合适。

除此之外,还要考虑以下原因:

(1) 与安装机械和负载系统的共振。

(2) 传动系统(齿轮啮合的不平衡等)。

上述中,与电机有关的降低振动和噪音效果好的方法如下:

(1) 提高定子的刚度:两相 56mmHB 型步进电机(1.8°)的结构如图 8.5 所示,转子直径减小约 10%,定子壳体增加 10%,提高定子的刚性后与原设计相比,其振动噪音如图 8.6 所示得以改善。

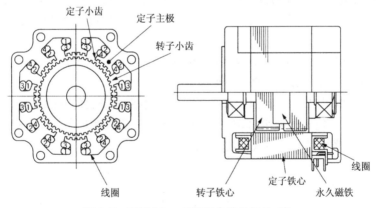

图 8.5 两相 56mmHB 型步进电机(1.8°)

步进电机产生噪音的原因,主要有高次谐波产生的电磁力,定子刚度不够,定子主极对转子产生的吸引力,引起定子的微小变形等。

(2) 定子的多主极:定子刚度与噪音之间的关系如图 8.6 所示,定子主极吸引转子才使定子发生微小变形,也为产生噪音的原因。如图 8.5

所示,两相 HB 型有 8 个主极。两相时定子主极数为 4、8、16,三相时主极数为 3、6、9、12 等。一般主极数越多,低速转矩越低,高速响应能力越好,线圈越小,振动噪音越得以改善。

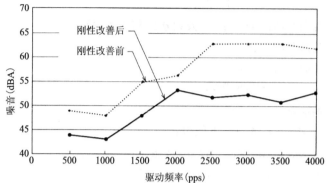

图 8.6　两相 HB 型步进电机的定子刚性不同时的噪音比较

下面以伺服步进电机(VR 型的步进电机)为例,介绍降低振动、噪音的方法。定子的主极数为三相 6 极或三相 12 极,分析径向引起的振动,可以得到降低噪音的解决方法[16],可以看到 6 极有 6 个地方磁场变化,12 极有 12 个地方磁场变化,然而 12 个极处的变化量比 6 个极的小,所以产生的振动就小。

HB 型步进电机,主极越多,线圈绕制的时间越长,费用越高,但主极的增加是降低振动噪音的一种手段。

(3)微调定子小齿结构:降低激磁磁通中高次谐波的有效手段,如图 8.7 所示,是使转子齿相对定子齿的节距为不等距角 δ_1,δ_2 等,通过不同角度方法降低磁通的高次谐波,减小齿槽转矩。

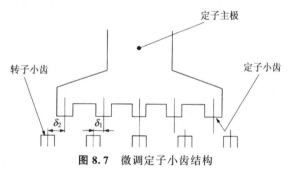

图 8.7　微调定子小齿结构

两相电机时,齿槽转矩由四次谐波构成,设计时主要考虑消除四次谐波。定子与转子齿距进行微小变化,使部分交链磁通减小,距角特性的峰值转矩减小。目前,销售的两相步进电机,除特殊用于制动等方面,一般均采用微调节距或改变形状构造,减小齿槽转矩。

图 8.8 为两相步进电机的例子,齿槽转矩使距角特性产生畸变。两相电机的齿槽转矩为距角特性周期的 1/4,即变成四次谐波。定子电流与永久磁铁转子磁通的距角特性的理论值为虚线所示的正弦波,此曲线叠加上齿槽转矩产生的四次谐波,合成为粗线描述的畸变转矩曲线,距角特性畸变,则成为非正弦波,引起位置定位精度变差,振动和噪音变大。齿槽转矩的相位由定子与转子齿相对位置关系决定,定子与转子齿的微小位置偏移,使各齿产生的四次谐波的相位发生微小变化,起到互相抵消的作用,从而减小齿槽转矩。

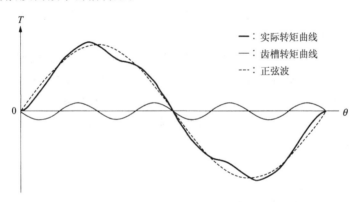

图 8.8 齿槽转矩的影响

图 8.7 所示的微调方式,定子与转子齿的齿形及相位角 δ 的偏移量,是各个电机生产厂家重点研究的地方。日本伺服公司对有无微调的电机特性进行了以下比较。

图 8.9 表示两相步距角 1.8° 的步进电机在有和没有微调情况下的细分驱动时的速度-振动特性。无微调电机细分驱动时,如虚线所示,低速区域或中速区域可看到振动的峰值,而使用微调方式,可消除其中大部分的振动。

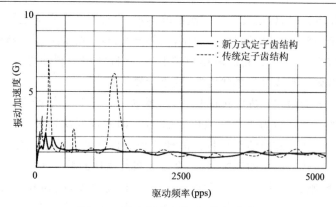

图 8.9　振动特性比较（细分驱动时）

其次,比较这两个电机在两相激磁驱动方式下的速度-噪声特性,如图 8.10 所示。比较看出,使用微调偏移方式的噪音得到大幅改善。电机速度越快,噪音的降低效果越明显。

对三相 HB 型步进电机进行比较,图 8.11 为有无采用微调偏移方法的特性曲线。上图为三相 HB 型 1.2°,6 主极,无微调偏移的齿槽转矩;下图为三相 HB 型 1.2°,12 主极,有微调偏移的齿槽转矩。三相 HB 型步进电机,同一步距角的电机的齿槽转矩比较,定子极数多,微调偏移效果好,12 主极 1.2°的产品齿槽转矩减小 17.4％。

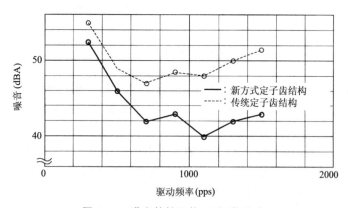

图 8.10　噪音特性比较（两相激磁时）

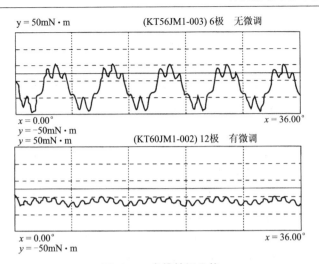

y = 50mN·m   (KT56JM1-003) 6极   无微调

x = 0.00°   x = 36.00°
y = −50mN·m
y = 50mN·m   (KT60JM1-002) 12极   有微调

x = 0.00°   x = 36.00°
y = −50mN·m

图 8.11 齿槽转矩比较

（4）安装减震器可以降低噪音：步进电机安装在机器上时，在固定电机处可垫硬质橡胶等减震器材，以便阻止与底板产生的共振。此种方法降低噪音效果明显，被广泛使用。具体方法有两种：一种为用厚度为几mm 的硬质橡胶将安装步进电机的前面钢板夹成三明治状态，作为步进电机的前面连接板使用；另一种是将两片钢板用硬质橡胶像三明治那样连接，置于步进电机与安装设备之间。这些称为装置减震器，其降低噪声效果明显，但步进电机要依靠安装底板散热，而橡胶材料的热传导性能差，所以要注意电机温升。

图 8.12 附装置减震器的 HB 型步进电机

8.3　改善暂态特性的解决方法

　　步进电机的位置定位时,因为电机负载和转子储存的动能,不能立即停止,会产生超调量,反复经过设定点后停下来。此种反复振荡延长了定位时间,有必要改善电机的阻尼和定位时间。改善的方法有安装阻尼器和利用驱动电路及电机本身的改善等,下面将分别加以说明。

　　1. 利用阻尼器的改善

　　图 8.13 表示带误差动态阻尼器的步进电机的照片。此种阻尼器是在步进电机轴的飞轮上安装橡胶等特性装置,使飞轮的运动滞后于转轴的运动,利用与转子间的振动相位差对转子进行制动,改善暂态特性。

　　图 8.14 为带动态惯量阻尼器的步进电机暂态特性的步进响应的比

图 8.13　带动态惯量阻尼器的步进电机

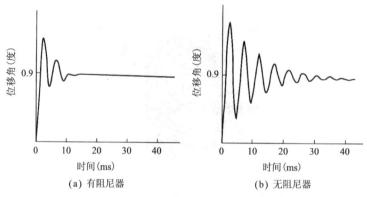

　　(a) 有阻尼器　　　　　　　　　　　(b) 无阻尼器

图 8.14　有/无阻尼器与稳定时间的比较(户恒,坂本,1993 年电气学会全国大会)

较。此种吸振阻尼器不会像反相制动方法那样,在产生超调后才制动,但也不会消除最初的超调量。

此种动态惯量阻尼器可以改善步进电机高速区域的共振引起的转矩降低,也可以改善高速时的转矩和响应脉冲。

2. 利用驱动电路的改善

(1) 半步进 1-2 相激磁的情况:阻尼以及定位时,利用 2 相激磁比 1 相激磁要好。所以两相步进电机使用半步进驱动的 1-2 相激磁时,停止相采用 2 相激磁,阻尼会变好。

(2) 反相序制动:有关反相序制动,在第 5 章的图 5.28 已介绍。此种方法是最佳控制,即在最初的超调能抑制振动。为此介绍反相序制动用闭环回路。

图 8.15 表示步进电机及其后轴所带的测速机结构。由测速机得到转子速度,在最佳时刻作反相序制动,其反相序激磁的电路框图见图 8.16。图 8.17 为有/无反相序制动的对比。因为闭环控制可在最佳的速度时间进行制动。

(3) 驱动电路输出段的结构:根据图 8.2 所示驱动电路输出段结构,当功率管 OFF 时,尖峰吸收电路的导通,产生的制动转矩变大。图 8.2 的①为制动转矩最小的结构。在高速时的转矩会降低,故要考虑转矩与制动转矩两者状态最佳时的驱动电路。

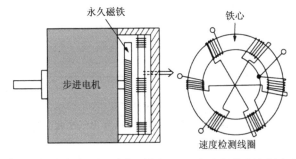

图 8.15 带测速机的步进电机(户恒、坂本,1993 年电气学会全国大会 N0.844)

3. 电机本体的改善

PM 型步进电机的极异性和各向同性磁铁的速度-转矩特性比较在第 4 章的图4.4中已经介绍了,此时的两个电机的极异性永久磁铁的磁通

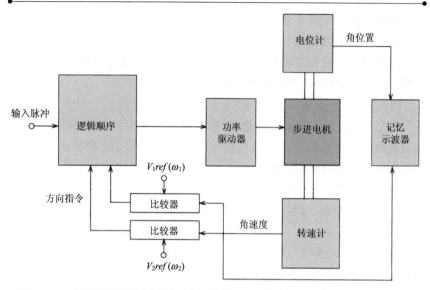

图 8.16　反相序激磁的方框图(户恒、坂本,1993 年电气学会全国大会 N0.844)

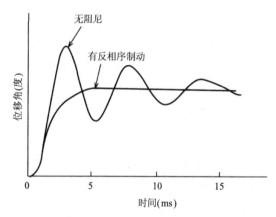

图 8.17　反相序制动与阻尼(户恒、坂本,1993 年电气学会全国大会 N0.844)

大,各向同性磁通相对小。图 4.4 为这些电机在额定电压下的速度-转矩特性的比较。注意永久磁铁的磁通大小或激磁电压(电流)的大小与暂态特性。

图 8.18 为极异性磁铁与各向同性磁铁的步进电机在 12V 额定电压下的阻尼特性的比较。据此,定位时间方面,使用极异性磁铁的稳定时间

长。但若降低驱动电压(降低为 8V),则如图 8.19 所示,极异性磁铁的稳定时间变短。

磁铁强的电机调整激磁电压(电流)时,稳定时间将变小。图 8.19 为几种电流的暂态特性。电流在转子转速大时会减小,此为受到反电势的影响所致。各向同性磁铁与极异性磁铁的周期比较,后者变短,振荡次数相同约为 4,后者的稳定时间变短[18]。

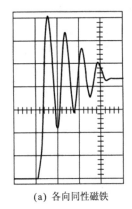 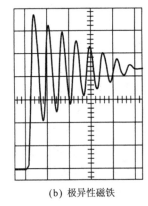

(a) 各向同性磁铁 　　　　　　(b) 极异性磁铁

X: 20ms/Div
Y: 20mv/Div

图 8.18　额定电压(12V)时的暂态特性比较

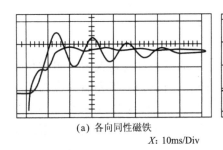 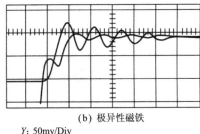

(a) 各向同性磁铁 　　　　　　(b) 极异性磁铁

X: 10ms/Div 　　　 Y: 50mv/Div

图 8.19　低电压(8V)时的暂态特性

8.4　位置定位精度的解决方法

1. 驱动电路的改善

(1) 额定电压(电流)驱动:参看图 6.8,从额定电压降低电压来驱动步进电机,发现位置定位精度变差。

例如:在空载时,用编码器作为负载,在额定电压(电流)时的精度与低于额定电压(电流)比较,精度变化较大。如图 6.8 所示,齿槽转矩使特性畸变的程度依据所加电压而不同,电压越低,齿槽转矩影响越明显。作者经验认为角度精度太差是很麻烦的,会引起测量电压(电流)不准。大家会注意到,转矩与电压有一定关系,而此关系如不同,会使空载时的角度精度变得很差或成为盲点。

(2) 2 相激磁驱动:1 相激磁驱动定子齿与转子齿作位置定位。相对 2 相激磁,由定子的 2 个相绕组激磁,转子齿磁场与定子磁场平衡,作位置定位。因 1 相激磁驱动时,其误差精度为各定子相的本身机械精度,而 2 相激磁误差,由多极位置决定,误差有所缓解,精度变好。特别是纵列型的两相 PM 型步进电机,1 相激磁与 2 相激磁比较,1 相激磁精度会差一些。

(3) 多步进位置定位:两相步进电机时以 2 或 4 步进位置定位驱动;三相步进电机 3 或 6 步进位置定位驱动。图 6.15 及 6.16 是两相 HB 型步进电机的例子,如每 4 步进位置定位,精度大幅提高。

例如,每 1.8° 位置定位时,1.8° 并非使用全步进,而是使用 0.9° 的步进电机,以 2 步进驱动 1.8° 位置定位,全步进选择 0.6° 的步进电机,3 步进驱动有 0.6°×3=1.8° 的驱动方式。此种方式可以大大提高精度。其原因见第 7 章的式(7.1)～式(7.3)及图 7.1。

2. 电机的改善

(1) 微调定子结构的改善:已知定子的微调结构能改善位置定位精度。以两相电机为例,微调结构,可以降低齿槽转矩,距角特性变为正弦波。三相 HB 型 1.2° 的步进电机,六主极无微调,与 12 主极有微调的全步进驱动时的位置精度比较如图 8.20 所示,1/8 细分驱动时的位置定位精度比较如图 8.21 所示。

三相 12 主极微调结构步进电机全步进时,位置定位精度可以改善 ±2% 以内。在细分时,微调结构精度提高近 50%。细分步距角精度比全步距角运行的精度大。步距采用 8 分割时,步距角为 1.2°/8=0.15°,以此作为控制计算基准,其精度值当然比全步距角时要高。

(2) 三相 HB 型高分辨率电机的改善:可以参照 7.2 节中的“高分辨率电机的选用”的详细说明。三相 HB 型步进电机有 2 相 1.8° 的 1/3,即 0.6° 的高分辨率电机,由于驱动芯片可以在市场上买到,所以可以很容易地实现高精度位置定位。

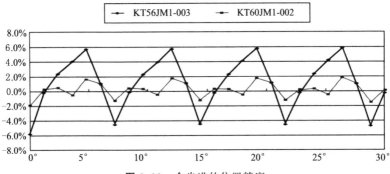

图 8.20 全步进的位置精度

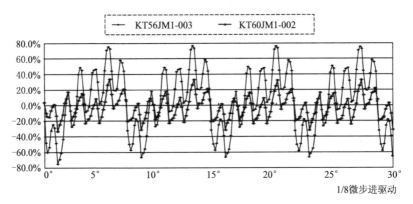

1/8微步进驱动

图 8.21 细分步进时的位置定位精度

(3) RM 型细分时的改善：以 HB 型步进电机细分的角度，用于位置定位时，其精度会有问题。RM 型 10 细分位置定位时，计算出的位置是线性变化的，详细见第 2 章的图 2.42 细分时的角度精度比较。

第9章 步进电机的应用

本章介绍各种安装步进电机容易出现的问题、解决方法及注意事项。此处列举了步进电机的多种应用,但依据其特性仍然有更多的应用方向。

9.1 应用于复印机

复印机在 OA 机器中使用的电机最多,其结构如图 9.1 所示。复印机可以使用步进电机、无刷电机或直流电机。此处着重介绍步进电机在复印机中的应用。

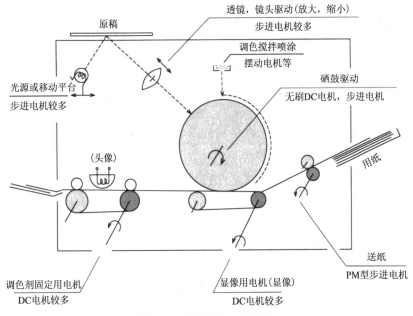

图 9.1 复印机的电机应用

1. 扫描器电机

扫描器电机用以读取原稿,原稿平行放置,移动光源等为读取数据而进行往复运动。此时驱动电机旋转如发生速度变化,复印的图形质量会下降,所以要求电机的振动和转速波动要小。当然,由于在室内使用,也要求使用低噪音电机。复印张数代表复印机的处理能力,决定了电机的转速。读取时扫描速度要低,振动要小,返回起点时速度要快,定位要准,转速及其转矩要高,所以,步进电机要在低速几百 rpm 到高速几千 rpm 范围内使用,不断以梯形或三角形驱动方式进行正转、反转运行。扫描器电机与无刷电机相比,能瞬时达到同步转速,即上升特性好,不需加速行程,振动低,转速波动小。如要求高速高转矩场合,大多使用三相步进电机。

2. 透镜、镜头的驱动电机

透镜、镜头用的驱动电机用于复印时扩大和缩小位置定位,大都使用42mm 直径的 HB 型或 PM 型步进电机。直流电机也可用于位置定位。

3. 驱动圆筒用电机

复印机的复印圆筒以 100rpm 以下的低速旋转,此时圆筒的转速波动会降低复印质量,所以,驱动电机要求转速波动小。一般使用额定转速1500rpm 的直流无刷电机,通过减速器降至 100rpm 以下的转速使用。如使用两相 1.8°步进电机直接驱动,在 100rpm 以下的转速运行时,不能满足圆筒转速波动率的要求。

4. 送纸电机

送纸电机一般使用直流电机或低成本的 PM 型步进电机。

5. 其他驱动电机

调色剂搅拌电机大多采用感应电机或直流电机,成像电机大都使用直流电机。

9.2　应用于传真机

图 9.2 为传真机的结构图,其构成大致分为发送与接收两部分。接收部分与前述的复印机相似,所以复印机和传真机组成多功能一体机比较多。传真机也能使用步进电机。

1. 原稿的输送电机

原稿送纸时必须要有一定的速度并且转速波动小,所以很适合使用步进电机。步进电机可以使用 HB 型或减速的 PM 型步进电机。

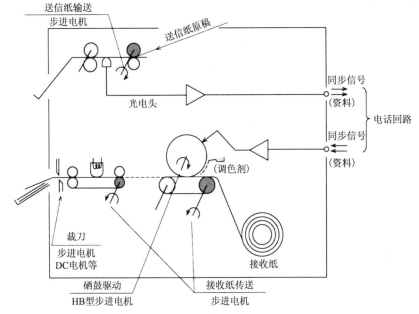

图 9.2 传真机的简化结构

2. **静电圆筒电机**

使用 HB 型步进电机或闭环控制的直流电机,这些电机必须转速波动小。

3. **接收纸张的传输驱动电机**

此处多使用 HB 型或 PM 型步进电机。

4. **其 他**

颜色搅拌电机使用感应电机;滚筒纸的裁纸机驱动电机使用直流电机或步进电机;非滚筒送纸机,与前述复印机一样,不需要裁纸机。

9.3 应用于打字机

电脑外围设备最终要将电脑文件变成纸质的文字、数字、图形等输出,过去使用打字机。

考虑动作速度、负载大小、价格、寿命等方面因素,打字机一般使用步进电机或直流电机。直流电机的特点为响应能力高、便于控制、效率高等。步进电机特点是控制电路的费用低、寿命高等。步进电机用于打字机时,各基本功能的动作使用一个独立的电动机构,因此可减小负载惯性,简化功能,提高印字精度,打字可靠、自由,功能多等。

图9.3为活字型打字机的结构图与电机装配图。打字机包括纸传送机构与空格用的两个电机,以及依据打字方法使用点矩阵的活字选择机构。

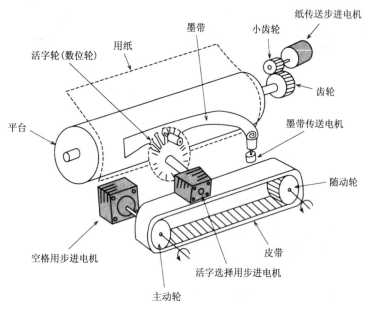

图例标注:纸传送步进电机、小齿轮、墨带、齿轮、用纸、活字轮(数位轮)、墨带传送电机、平台、随动轮、空格用步进电机、皮带、活字选择用步进电机、主动轮

图 9.3　活字打字机的结构和电机配置图

1. 活字选择机构用步进电机

活字轮的活字个数与步进电机的分辨率相配合,将需要的活字快速运送到打字锤的位置定位后打字,步进电机要求高速位置定位,并要求高定位精度和阻尼特性。阻尼特性使打字时活字稳定,提高打字的品质。为减小动作时间,步进电机的转动指令使打字选择不要超过 $180°$。此步进电机的动作为频繁的往复运动。

现在多使用喷墨打印机,此种活字打字机生产下降,其使用的电机为三相 VR 型或 HB 型步进电机。

2. 移动活字用步进电机

如使用步进电机运动搭载活字矩阵的输送机构,纵横方向文字间隔的位置决定步进电机步距角误差要小,动态转矩要大。步进电机可以使用 HB 型或低成本的 PM 型步进电机。

3. 送纸步进电机

打字机的送纸电机除大型打字机外,PM 型步进电机为几乎所有打字机的选择。打字机的整体处理速度,决定了送纸动作时间,由于该机构为打字机中最小的,所以 PM 型步进电机的特性和低成本适用于该机构。

9.4　应用于 FDD

FDD(软盘驱动器)为 3.5 英寸,磁头的运动机构如图 9.4 所示,使用直径 20mm 以下的螺杆减速步进电机。

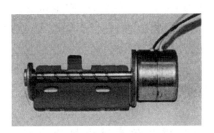

图 9.4　附螺杆的 PM 型步进电机

此 PM 型步进电机的输出轴为螺杆轴,将轴的旋转转变成螺母的直线运动,磁头放在螺母上,磁头在磁碟上定位控制。图 9.5 所示为此步进电机在 FDD 的结构。

FDD 用无刷电机旋转磁盘,步进电机在磁盘的轨道上定位控制。TPI(相当于 1 英寸的磁道数)135 时,磁道间距约 0.188mm,要求位置精度和磁滞要小。螺杆的精度与螺帽的间隙要小。作者为 5.25 英寸磁盘时代的 42mmHB 型步进电机(步距角 1.8°或 0.9°)设计过合适的 FDD,除此之外,还有大量关于 HDD 的使用经验。其后,随着轻薄、短小技术的发展,造就了 3.25 英寸 FDD,电机由 HB 型向 PM 型发展,HDD 由 HB 型步进电机向音圈电机发展。

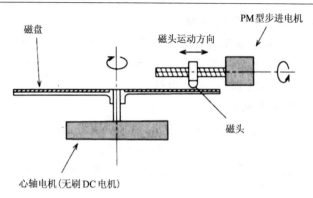

图 9.5　FDD 的结构

9.5　应用于监视摄像机

监视摄像机也称为 CCTV 摄像机,有固定型和可动型。可动型使用的电机,可以确定监视对象物位置,进行图像放大,低速时要求均匀旋转,否则图像抖动。返回时要大转矩快速运行。

步进电机满足上述要求。此处介绍监视摄像机的云台机构,用水平旋转的步进电机和垂直摆动的步进电机完成三维空间定位监控功能。

1. 圆顶型监视摄像机的步进电机的要求

图 9.6 为监视摄像机的云台机构及外观图。依据室内与室外环境条件不同,概括如下:

(1) 水平旋转用电机转速从几分之一 rpm 到约 60rpm,转矩为几 kg·cm,匀速旋转,室内要低噪音。

(2) 室外温度加上电机温升,电机表面温度约可达到 100℃。

(3) 电机断电时,可保持现在位置。

2. 用于监视摄像机的步进电机

减速比为 1/10,转速范围为 2～600rpm,转速均匀,噪音低,可使用两相 HB 型步进电机,近期使用三相步进电机加细分控制。

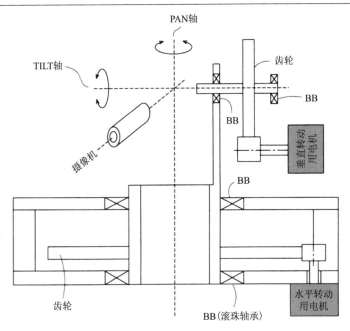

（a）监视摄像机云台的结构

（b）监视摄像机的外观与步进电机

图 9.6 监视摄像机（ELBEX 提供）

9.6　应用于照明装置

小型装置用于小舞台照明,中型设备用于剧场舞台的远距离照明,大型设备用于高层大楼或桥梁等的夜间照明。中、小型照明装置可以使光束低速移动,改变光的照射颜色。这些机构与前述云台一样需要水平旋转和垂直摆动电机。如果低速照明光束移动时,驱动电机如有振动或转速波动,照射距离长时其光束晃动变大。

1. 照明装置的构造

图9.7表示照明装置的构造。水平旋转用电机或垂直摆动电机皆经过1:10的减速器。水平旋转电机的负载为照明光源和垂直摆动机构,其负载惯量大。垂直摆动电机负载为光源及上下摆动机构,要有一定速度,才不会产生转速波动。圆柱形圆筒内部安装了灯泡,灯泡工作时产生高温。为改变光束颜色使用的颜色滤光器驱动电机为小型 HB 型步进电机。

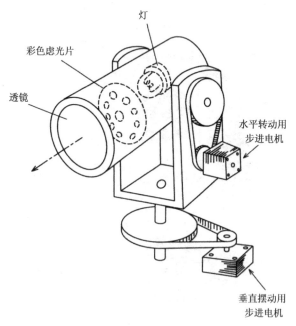

图 9.7　照明装置的构造

2．照明装置使用的步进电机

（1）水平旋转电机：由于必须低速匀速旋转，多使用三相 HB 型 $1.2°$，方形 60mm，长 47mm 和 58mm 的步进电机，并进行细分控制。

（2）垂直摆动电机：此种电机与水平旋转电机相同。

（3）颜色滤光器电机：大多使用两相 HB 型 42mm 的 $1.8°$步进电机。此电机与上述水平旋转电机与垂直摆动电机负载场合不同，它与光源一起包围在圆柱内，所以必须要耐高温。

9.7 应用于自动机械

1. XY 台（X-Y）

自动机械的应用有 XY 台或 XY-θ 台（驱动机构一般使用滚珠丝杠）。滚珠丝杠变旋转运动为直线运动，使用滚珠丝杠传输效率高，转矩为螺杆的 $1/3$。步进电机一般使用两相或五相的 HB 型步进电机。

2．机器人

机器人在生产中用于担任简单的动作，如人一样能识别各种信号。使用直流伺服电机可以快速驱动。用步进电机驱动轻载，可完成人手指的抓取功能。步进电机低速驱动时比直流电机输出转矩大，可开环控制，不需要传感器，电机体积小，今后有希望广泛使用。

在应用步进电机的机器人中，步进电机与减速器一起使用的情形很多。驱动低速大转矩负载时，常使用谐波减速器。生产线上使用了大量的简单结构的机器人，如拧螺钉机器人、搬运机器人、测量机器人等，使装配线自动、省力。

9.8 应用于游戏机

游戏机有许多种，步进电机常用于老虎机等数字滚筒的驱动。滚筒驱动使用 HB 型步进电机，如图 9.8 所示。起动时转轮的惯量变为负载，低速运行时转动如不均匀会不好看，所以要使用低速转速、波动小的步进电机，为此可选用小步距角的 HB 型步进电机。目前游戏机大多采用三相低速步进电机。

图9.8　游戏机数字圆筒位置定位使用的步进电机

9.9　应用于医疗机械

医院内的医疗器械离患者最近，需要使用振动小、噪音低的步进电机。液体定量传输和传输量管理要使用高精度的输液泵驱动仪器和各种分析仪器等，定量输液采用步进电机非常合适。透析设备或注射泵等由于靠近患者，大多使用振动噪音小的三相 RM 型步进电机或 HB 型步进电机。注射泵采用步进电机的原因是与无刷电机相比能得到低速大转矩，图 9.9 为内置三相步进电机的注射泵的外观。

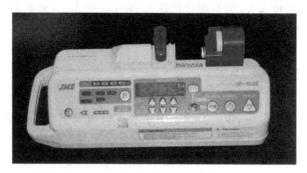

图9.9　内置三相步进电机的注射泵的外观

　　今后,能代替人完成治疗任务的、动作准确和静音度高的、使用电机的医疗设备会越来越多应用于临床。这些设备将来会使用更多定位精度高的、易于速度开环和闭环控制的步进电机。

参考文献

[1] 見城・新村：ステッピングモータの基礎と応用，総合電子出版社，p 9-11

[2] Karl M. Feiertag and Joe T. Donahoo: Dynamo Electric Machine, USP, 2589999 (1952)

[3] 大島・江川：試作ステッピングモータについて，第 1 回自動制御連合講演会．213 (1958)

[4] ① M, Sakamoto: New 3 Phase Permanent Magnet Type Stepping Motor, IMCSD Proceedings 26th Annual Symposium (1997)
     ② M, Sakamoto: Cascade Type 3 phase Claw pole Stepping motor, IMCSD Proceedings 29th Annual Symposium (2000)

[5] 坂本・戸恒：3 相 HB 形ステッピングモータについて，平成 5 年電気学会全国大会 No. 898

[6] 坂本・戸恒：新形式 3 相ステッピングモータ，電学論，Vol. 115-D, No. 2 (1995)

[7] 横塚：ハイブリッドステッピングモータのステイフネス特性のひずみ，電学誌 B.102.661-666 (1982.10)

[8] 坂本：PM 型ステッピングモータの特性改善，小型モータ技術シンポジウム，日本能率協会 (1983)

[9] 新日本製鉄（株）：図解 わかる電磁鋼板，P 23

[10] 坂本・戸恒：ハイブリット形ステッピングモータの高調波トルクの低減法，電学論 Vol. 114-D，12 号 (1994)

[11] 坂本：リング磁石回転子積層鉄心形ステッピングモータ，モータ技術シンポジウム，日本能率協会 (1997)

[12] 坂本, 桑野：ステッピングモータの高精度位置決め技術, 機械設計 第 45 巻 第 14 号，日刊工業新聞社 (2001.10)

[13] M, Sakamoto and A, Tozune: Characteristics Comparison in Winding Connections for 3 phase Permanent Magnet Type Stepping Motor, SMIC The 3rd Small motors International Conference (1999)

[14] 坂本：ステッピングモータの測定と評価，小型モータ技術シンポジウム，

　　日本能率協会（1984）

[15]　坂本：ステッピングモータの低振動低騒音化，第 18 次モータフォーラム，
　　日本能率協会

[16]　森本：SRM の振動・騒音，第 21 次モータフォーラム，日本能率協会

[17]　戸恒・坂本他：ステッピングモータの過渡応答の改善，計測自動制御学会
　　論文集 Vol. 26，No. 6，729-731(1990)

[18]　① 坂本：PM 型ステッピングモータの特性改善，小型モータ技術シンポジ
　　ウム，日本能率協会（1983）
　　② 戸恒・坂本他：PM 形ステッピングモータのセトリングタイム，計測自
　　動制御学会論文集 Vol. 22，No. 4（1986）

科 学 出 版 社

科龙图书读者意见反馈表

书　　名 _____

个人资料

姓　　名：_____　年　　龄：_____　联系电话：_____

专　　业：_____　学　　历：_____　所从事行业：_____

通信地址：_____　邮　　编：_____

E-mail：_____

宝贵意见

◆ 您能接受的此类图书的定价

　　20 元以内□　　30 元以内□　　50 元以内□　　100 元以内□　　均可接受□

◆ 您购本书的主要原因有(可多选)

　　学习参考□　　教材□　　业务需要□　　其他_____

◆ 您认为本书需要改进的地方(或者您未来的需要)

_____

_____

◆ 您读过的好书(或者对您有帮助的图书)

_____

_____

◆ 您希望看到哪些方面的新图书

_____

_____

◆ 您对我社的其他建议

_____

_____

_____

　　　谢谢您关注本书! 您的建议和意见将成为我们进一步提高工作的重要参考。我社承诺对读者信息予以保密, 仅用于图书质量改进和向读者快递新书信息工作。对于已经购买我社图书并回执本"科龙图书读者意见反馈表"的读者, 我们将为您建立服务档案, 并定期给您发送我社的出版资讯或目录; 同时将定期抽取幸运读者, 赠送我社出版的新书。如果您发现本书的内容有个别错误或纰漏, 烦请另附勘误表。

回执地址：北京市朝阳区华严北里 11 号楼 3 层

　　　　　科学出版社东方科龙图文有限公司电工电子编辑部(收)

　　　　　邮编：100029